编 委 会

高职高专任务驱动系列教材

炼化企业 HSE 风险识别与控制

甘　泉　主编

穆晓红　孙晓春　副主编

·北京·

内容提要

本书阐述了识别风险、评价风险、控制风险、变更管理、典型突发事件应急演练的各种理论和方法。本书在编排上注重理论联系实际，突出实际演练，具有很强的理论性和可操作性。

本书可作为高职高专炼油技术等专业学生的专业教材，也可作为相关专业学生及相关企业职工岗位培训参考用书。

图书在版编目（CIP）数据

炼化企业 HSE 风险识别与控制/甘泉主编. —北京：化学工业出版社，2013.11（2024.8 重印）

高职高专任务驱动系列教材

ISBN 978-7-122-18565-5

Ⅰ.①炼… Ⅱ.①甘… Ⅲ.①石油炼制-安全生产-高等职业教育-教材 Ⅳ.①TE687

中国版本图书馆 CIP 数据核字（2013）第 232454 号

责任编辑：高　钰　　　　文字编辑：张绪瑞

责任校对：陶燕华　　　　装帧设计：刘丽华

出版发行：化学工业出版社（北京市东城区青年湖南街 13 号　邮政编码 100011）

印　　装：北京盛通数码印刷有限公司

787mm×1092mm　1/16　印张 8¾　字数 210 千字　　2024 年 8 月北京第 1 版第 9 次印刷

购书咨询：010-64518888　　　　售后服务：010-64518899

网　　址：http://www.cip.com.cn

凡购买本书，如有缺损质量问题，本社销售中心负责调换。

定　　价：26.00 元

序

2010年9月，辽宁石化职业技术学院在激烈的角逐中以其校企合作办学特色入选国家骨干校行列，2011年8月建设方案得到教育部批准，学院（南校区）炼油技术专业为学院骨干校重点建设专业之一。

炼油技术专业在建设过程中，创新了“分段实施，全程对接”人才培养模式，特别是在课程体系与教材建设上，教师们利用自身优势，深入中石油、中石化、中海油等石化行业所属企业调研，了解“十二五”期间石化行业发展规划和企业对技能人才的需求，邀请企业的专家和专业教师组成专业建设指导委员会，根据企业需求论证人培养模式和课程体系，共同制定人才培养方案。在这样的背景下开发了任务驱动系列教材，它是继学院（南校区）炼油技术专业9种项目化系列教材建设完成后，又推出的系列教材。

本套教材体现了校企合作的最新成果，是校企合作集体智慧的结晶，凝结着编写人员的辛勤付出。在编写过程中，企业工程技术人员全程参与，与教师共同研究探讨，为教材编写提供了诸多支持与方便。

高职教育作为高等教育一个全新类别，在编写过程中也面临着全新的考验，本套教材难免存在不妥之处，敬请使用本套教材的教师、同学提出宝贵意见。

王家夫

2012年12月

前言

随着我国高等职业教育教学改革的不断深入发展，为了进一步贯彻高等职业教育的办学方针，本教材从培养高职学生实践能力出发，与企业工程技术人员共同开发编写本教材。

石油石化行业具有有毒有害、易燃易爆等危险特性，因此，如何有效控制风险、实现安全生产一直是石油石化行业工作中的重中之重。而兴起于20世纪90年代的安全、健康与环境管理体系（Health，Safety and Environmental management systems），是一种科学、先进的一体化管理模式，现在已经成为石油工业普遍采用的管理模式。

HSE管理体系的核心就是风险管理，通过危害因素辨识、风险评估与控制、事故应急等实现对风险的有效控制。本书以风险管理为主线，设置识别风险、评价风险、控制风险、变更管理及典型突发事件应急演练五个情境，每个情境都设有子情境，每个子情境都包含一个任务，每个任务都是从企业实际生产中提炼出来的，有很强的实践性和可操作性，通过完成任务，实现既定的能力目标和知识目标。

本书由辽宁石化职业技术学院甘泉任主编，穆晓红、孙晓春任副主编。编写分工如下：穆晓红、孙晓春编写导论，甘泉编写情境一、情境二和情境三，穆晓红编写情境四和情境五。甘泉对全书进行统稿。

本书在编写的过程中，得到锦州石化公司化工一车间姚涛、蒸馏车间马宽、安全处高曼清、苯乙烯车间韩向东，辽宁石化职业技术学院高金文、张仁杰、刘淑娟、于月明、任佳梅、王立新、乌淑娟、何长旭等各位老师的大力支持，在此表示感谢。

由于编者水平有限，不妥之处欢迎读者及专家批评指正。

编者

2013年9月

目录

导论

【学习目标】

1. 掌握 HSE 管理体系的概念。
2. 理解 HSE 管理体系的基本要素及运行模式。
3. 了解风险识别与控制在体系中的地位。
4. 掌握炼化企业建立和实施 HSE 管理体系的目的及意义。

【能力目标】

能综合运用 HSE 管理体系标准 PDCA 运行模式。

一、HSE 管理体系概述

1. HSE 管理体系的概念

健康、安全与环境管理体系简称为 HSE 管理体系。它是指实施安全、环境与健康管理的组织机构、职责、做法、程序、过程和资源等构成的整体。简单地用 HSE MS（Health，Safety and Environment Management System）表示。

HSE MS 是一种事前通过进行识别与评价，确定活动中可能存在的危害及后果的严重性，从而采取有效的防范手段、控制措施和应急预案来防止事故的发生或把风险降低到最低程度，以减少人员伤害、财产损失和环境污染的有效的管理方法。它是近几年出现的国际石油天然气工业通行的管理体系，突出了预防为主、领导承诺、全员参与、持续改进的科学管理思想，具有先进性、预防性、可持续改进和长效性等特点。

2. HSE 管理体系的形成及发展

健康、安全与环境体系的形成和发展是石油工业界多年海上石油作业管理经验的积累成果，20 世纪 60 年代以前主要是体现安全方面的要求，在装备上不断改善对人们的保护，利用自动化控制手段使工艺流程的保护性能得到完善；70 年代以后，注重了对人的行为的研究，注重考察人与环境的相互关系；1974 年，石油工业国际勘探开发论坛（E&P Forum）建立，作为石油公司国际协会的石油工业组织，它组织了专题工作组，从事健康、安全和环境管理体系的开发。80 年代以后，逐渐发展和形成了以健康、安全、环境为核心的 HSE 管理理论和方法。

20 世纪 80 年代后期，国际石油工业的几次重大事故对 HSE 体系管理工作的深化发展起到了巨大的推动作用。如 1976 年的 Seveso（赛维索）化学泄漏事故，1987 年的瑞士 Sandoz 大火，1988 年英国北海油田的帕玻尔·阿尔法平台爆炸事故，以及 1989 年的 Exxon 公司 Valdez 号油轮泄漏事故引起了工业界的广泛关注。如图 0-1、图 0-2 所示。特别是发生在英国北海油田的帕玻尔·阿尔法平台爆炸事故，这是海上作业迄今为止最大的伤亡事故，造成 167 人在事故中丧生。仅几个小时，这一巨大的钻井平台就被大火完全吞没，事故保险赔款高达 20 亿美元。鉴于帕玻尔·阿尔法平台爆炸等事故的惨痛教训，各个国际石油组织深深认识到，石油作业是高风险作业，必须采取各种更有效、更完善的健康、安全、环境管理系统以避免重大事故的再次发生。1991 年在荷兰海牙召开了第一届油气勘探、开发的健康、安全与环境国际会议，HSE 这一完整理念逐渐为大家所接受。1994 年 9 月，壳牌公司 HSE 委员会颁布了“健康、安全与环境管理体系”。

图 0-1 帕玻尔·阿尔法平台爆炸事故

图 0-2 Exxon 公司 Valdez 号油轮泄漏事故

3. 我国石油企业 HSE 管理体系现状

（1）中国石油天然气集团公司（CNPC）HSE 管理体系 中国石油天然气集团公司于 1997 年 2 月颁发了石油工业行业标准 SY/T 6276—1997《石油天然气工业职业安全卫生管理体系》及相关标准；从 1998 年开始用三年的时间建立和实施 HSE 管理体系；2000 年 1 月正式发布了《中国石油天然气集团公司 HSE 管理手册》；2001 年 4 月正式发布了《中国石油天然气股份公司 HSE 管理体系总体指南》，向社会公开了中国石油的 HSE 承诺。2007 年，中石油发布了最新的健康、安全与环境管理体系标准 Q/SY 1002.1—2007。

（2）中国海洋石油总公司（CNOOC）HSE 管理体系 中国海洋石油总公司直接引进国外比较成熟的 HSE 管理体系，完全与国外先进的 HSE 管理体系接轨；1996 年 10 月发布了《海洋石油作业安全管理体系原则》及《海洋石油安全管理文件编制指南》，1997 年逐渐开始实施 HSE 一体化管理。

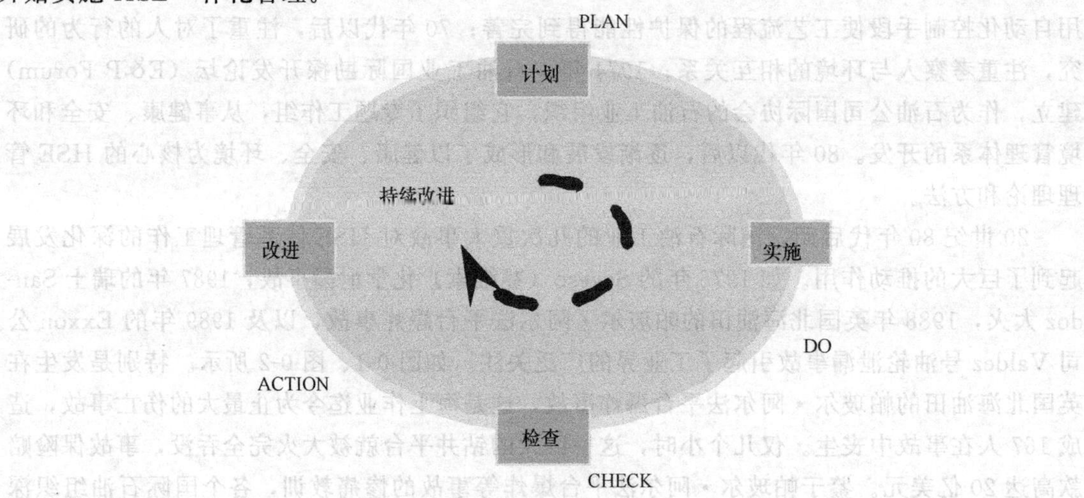

图 0-3 PDCA 管理模式

(3) 中国石油化工集团公司（SINOPEC）HSE 管理体系　中国石油化工集团公司于 2001 年 3 月颁布中石化 HSE 标准 Q/SHS 0001.1—2001《中国石油化工集团公司安全、环境与健康（HSE）管理体系》，向全社会发布。

4. HSE 管理体系的基本框架

(1) HSE 管理体系的结构特点

① HSE 管理体系是一个持续循环和不断改进的结构，按戴明模式建立而成。即“计划 P—实施 D—检查 C—持续改进 A”的结构。PDCA 管理模式如图 0-3 所示。

PDCA 管理模式是 HSE 管理体系所依据的管理模式，包括 4 个工作程序和 8 个步骤，如表 0-1 所示。

表 0-1　PDCA 管理模式的 4 个工作程序和 8 个步骤

代号	序号	步　骤	方　法
P	1	找出存在问题	排列图、直方图、控制图
	2	分析存在问题的原因	因果分析图
	3	找出影响最大的一个或几个原因	排列图、相关图
	4	研究对策，制定计划	有针对性地制定和采取措施以求解决问题
D	5	实施计划，执行措施	按计划实施、完成
C	6	检查效果	排列图、直方图、控制图
A	7	巩固措施	制定标准化规范，或修改作业标准、检验标准或各种规程
	8	找出遗留问题	进入下一轮计划（从步骤 1 重新开始）

② HSE 管理体系由若干个要素组成。HSE 管理体系的关键要素有领导和承诺，方针和战略目标，组织机构、资源和文件，风险评估和管理，规划，实施和监测，审核和评审等。

③ 各要素不是孤立的。这些要素中，领导和承诺是核心；方针和战略目标是方向；组织机构、资源和文件作为支持；规划、实施、检查、改进是循环链过程。

(2) HSE 管理体系基本要素　HSE 管理体系共有 7 个一级要素，28 个二级要素。表 0-2列出了 HSE 管理体系基本要素。

表 0-2　HSE 管理体系基本要素

HSE 管理体系基本要素	主 要 内 容
领导和承诺	自上而下的承诺，建立和维护 HSE 企业文化
方针和战略目标	健康、安全与环境管理的意图，行动的原则，改善 HSE 表现的目标
组织机构、资源与文件管理	人员组织、资源和完善的健康、安全与环境管理体系文件
评价和风险管理	对活动、产品及服务中健康、安全与环境风险的确定和评价，以及风险控制措施的制定
规划	工作活动的实施计划，包括通过一套风险管理程序来选择风险削减措施。涉及对现有操作的规划，变更的管理，及制订和更新应急反应措施等
实施和监测	活动的执行和监测及必要时如何采取纠正措施
审核和评审	对体系执行效果和适应性的定期评价

为了更好地理解 HSE 管理体系标准的各个要素，按照持续改进的戴明模式，将体系要素及相关部分分为三大块：核心和条件部分、循环链部分、辅助方法和工具部分。如图 0-4 所示。

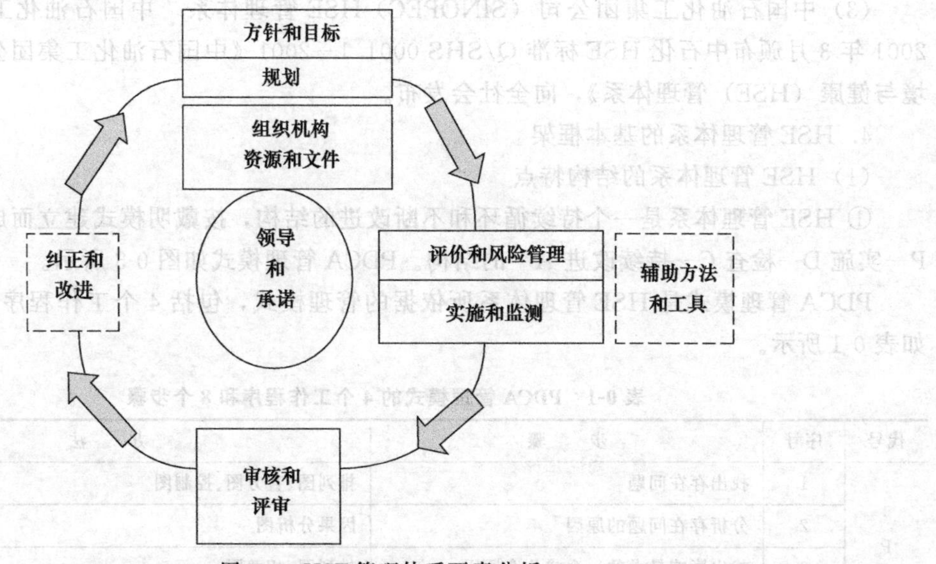

图 0-4　HSE 管理体系要素分析

其中，领导和承诺是 HSE 管理体系要素的核心，组织机构、资源和文件是体系实施和不断改进的支持条件。循环链部分包括方针和目标、规划、评价和风险管理、实施和监测、审核和评审、纠正和改进。循环链是戴明模式的体现，企业的安全、健康和环境方针、目标通过这一过程来实现，辅助方法和工具是为有效实施 HSE 管理体系而设计的分析、统计方法。

二、风险识别与控制在 HSE 管理体系的地位和作用

1. HSE 管理体系的核心——风险管理

建立和实施 HSE 管理体系，其根本目的在于降低和控制生产施工作业过程中的 HSE 风险，持续改进 HSE 绩效。风险管理是指生产作业过程中对可能遇到的风险进行预测、识别、分析、评估，并在此基础上有效地应对风险，以最低成本实现最大的安全保障的科学管理方法和手段。具体地说就是识别出系统存在的危害因素，并进行定性和定量分析，对发生风险的可能性和后果严重程度进行评价，根据评价结果，对危害因素制定风险控制与削减措施，从而实现对风险及其影响的控制和管理。其实质就是以最经济合理的方式消除风险导致的各种灾害后果，基本过程包括风险识别、风险评估、风险控制、应急计划和恢复。管理流程如图 0-5 所示。

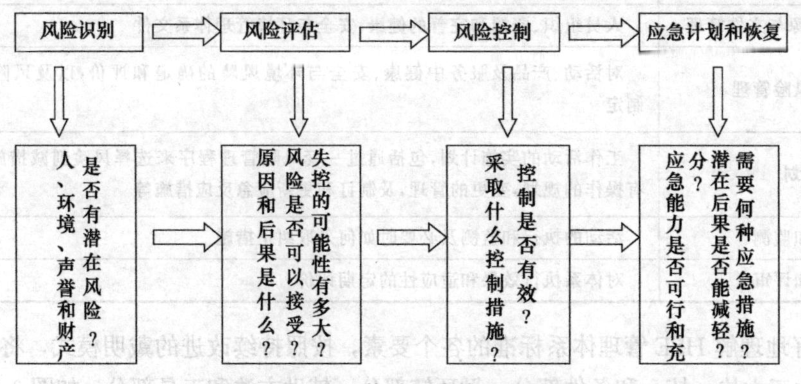

图 0-5　HSE 体系风险管理流程图

2. 风险识别与控制在HSE管理体系的地位和作用

HSE管理体系标准中每一个要素都不是孤立存在、独自发挥作用的，各要素间存在很强的逻辑关系，相互关联，相互作用，形成了一个有机的统一体，如图0-6所示。从图中可以看出，危害辨识、风险评价、风险控制和应急计划构成HSE管理体系的一条主线，是HSE体系管理体系的精髓所在，它充分体现了风险识别与控制在整个体系的核心地位。即将风险识别（危险因素辨识与风险评价）的结果即重大风险直接应用在目标和表现准则的制定上，为确保目标的实现，进而制定并实施风险削减措施；针对重大风险，预先制定应急计划，最后通过监测，及时发现上述过程存在的不符合，并采取纠正和预防措施。这样在风险管理上就形成了一个PDCA循环，实现了对事故的超前预防和生产作业的全过程控制，真正起到预防事故，保护员工健康的作用。只有抓住这条主线，做好风险识别和控制，才能有效实施HSE管理体系。

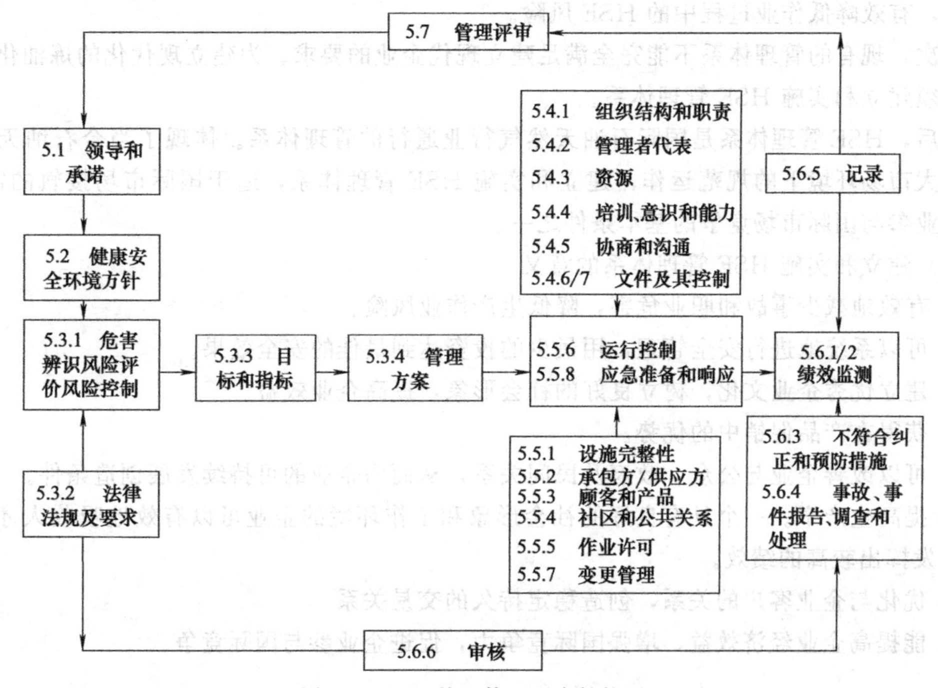

图0-6 HSE管理体系要素结构图

三、炼化企业建立和实施HSE管理体系的目的及意义

1. 炼油化工企业生产过程特点

① 易燃、易爆。生产过程中的物料（包括原料、产品和各种剂类）均属于易燃易爆物质，加之高温高压，因此容易发生各类火灾爆炸事故。

② 有毒、有害。生产过程自始自终存在大量有毒物质，如氨、硫化氢及烃类等。在操作条件下，这些物质多以气态、液态存在，这类物质因设备缺陷或操作失误而引起的泄漏会对环境造成严重污染，同时也会造成中毒事故。

③ 腐蚀性强。生产过程中存在如硫化氢、氨、酸等具有较强腐蚀性的物质，不但对人有很强的化学灼伤和毒害作用，而且对金属设备也有很强的腐蚀作用，因而降低设备使用寿命，缩短开工周期，特别是会使设备减薄、变脆，若检修不及时，会因承受不了原设计压力而发生泄漏和爆炸着火事故。

④ 系统生产连续性。生产工序多，各生产装置属于连续性操作装置，并且各生产装置之间有物料联系，从而构成一个复杂且危险的生产系统，任何一个环节出现故障或发生事故，都会对整个系统构成威胁，甚至对整个企业的生产造成影响。

⑤ 转动机械多。生产过程中使用压缩机、鼓风机及大量的电机和泵等各类转动机械设备，这类设备的不正常运转，会造成生产事故或电伤害。另外，大量转动机械的使用，会产生很强的噪声，造成噪声污染。

2. 炼化企业建立和实施 HSE 管理体系的目的及意义

(1) 建立和实施 HSE 管理体系的目的

首先，炼化企业生产过程特点决定炼化企业是一种高风险行业，涉及污染环境、危害工程安全和人体健康的潜在危险因素较多，往往健康、安全风险和环境风险同时发生，因此炼化企业应对生产作业中产生的健康、安全与环境问题进行规范化管理，建立完整的 HSE 管理体系，有效降低作业过程中的 HSE 风险。

其次，现有的管理体系不能完全满足建立现代企业的要求。为建立现代化的炼油化工企业，必须建立和实施 HSE 管理体系。

最后，HSE 管理体系是国际石油天然气行业通行的管理体系。体现了当今石油天然气企业在大市场环境下的规范运作，建立和实施 HSE 管理体系，适于国际市场接轨的需要，也是企业参与国际市场竞争的基本条件之一。

(2) 建立和实施 HSE 管理体系的意义

① 有效地减少事故和职业危害，降低生产作业风险。

② 可以系统地进行安全管理，用最少的投资达到最佳的安全效果。

③ 建立优秀企业文化，树立良好的社会形象，提高企业效益。

④ 获得在产品促销中的优势。

⑤ 可以改善企业与公众、政府及民间关系，从而为企业的可持续发展创造条件。

⑥ 提高生产率。一个具有良好的社会形象和工作环境的企业可以有效地吸收人才，并使员工发挥出较高的绩效。

⑦ 优化与企业客户的关系，创造稳定持久的交易关系。

⑧ 能提高企业经济效益，增强国际竞争力，促进企业参与国际竞争。

情境1

识别风险

【学习目标】

1. 掌握危险源的相关概念。
2. 了解两类危险源的含义。
3. 掌握危险源辨识的内容。
4. 掌握安全检查表的编制方法。
5. 掌握危险化学品的性质。
6. 了解环境因素的内容。

【能力目标】

1. 能正确识别和描述风险。
2. 会编制安全检查表。
3. 能识别环境因素。

【概论】

企业建立与运行职业健康安全管理体系的目的是实现事故预防，而危险源是导致事故的根源。所以危险源是职业健康安全的核心问题，而危险源辨识则是危险源控制的起点。危险源辨识是组织策划职业健康安全管理体系的关键内容之一。充分识别危险源是正确进行风险评价，并采取必要控制措施的基础。如果组织没有充分识别危险源，甚至遗漏了重大危险源，就无法及时消除安全事故的隐患，无法发挥体系的预防功能。环境因素的识别是整个环境管理体系建立的基础，正确、完善地识别出企业的环境因素并实施有效控制，是环境管理体系得以正常实施和不断持续改进的基础。

子情境1.1 辨识危险源

【任务描述】

某装置现场有一台加热炉，该炉高30m，分为辐射段（炉膛）、对流段和烟道。距离装置的液态烃罐区20m，位于装置全年主风向的下风向，炉底设有可燃气检测仪。该炉的功能是通过高温加热，把加热炉管内的石脑油等大分子物质裂解为小分子物质，同时回收余热产生高压蒸汽。加热炉依靠炉顶引风机维持微负压操作（－2.5mm水柱），燃料为液化石油气，燃烧时会产生噪声。炉膛温度为1000℃，蒸汽温度为450℃，压力为12.0MPa。该炉包括燃料输送管线，石脑油物料预热和输送管线，加热炉本体，高压蒸汽发生器，高压蒸汽包以及相应的阀门和仪表控制系统等。目前状况是由于没有安排检修，装置已经连续运行超过两年，高压蒸汽包的液位计经常泄漏，安全阀有内漏的现象，高压蒸汽包的排污水排放收集到一个闪蒸罐经气化后排大气。炉体外壁的温度达到110℃（设计为小于70℃），有些高压阀门也有泄漏现象，加热炉排烟温度为170℃（设计为120～150℃），加热炉的梯子平台有松动的部位，目前运行还比较正常，平均每40天对炉管通入蒸汽和空气进行烧焦，烧焦的废气直接在20m的高处排放至大气，烧焦时注冷却水冷却，烧焦水排放至污水系统，同时产生固体焦粉。平均每20天对对流段吹灰，吹出的灰从烟囱排入大气。该加热炉的流程简图如图1-1所示。

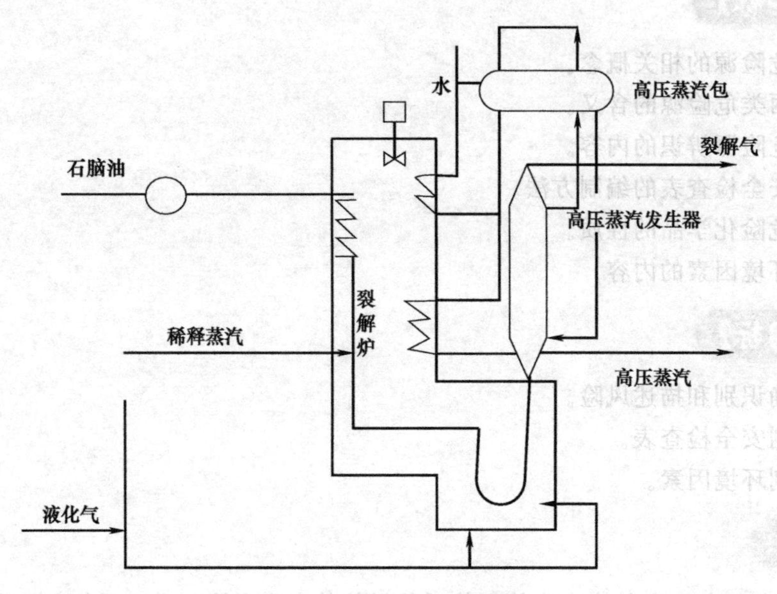

图1-1 加热炉的流程简图

① 识别出设计该加热炉的危害因素。

② 根据以上情况编制安全检查表。

【任务实施】

步骤一：识别危害因素。

① 复习加热炉的基本知识。

② 结合教材内容，识别存在的危险源。

③ 正确描述危险源。

步骤二：编制安全检查表。

① 分析任务工作程序。

② 选定检查项目。

③ 设置检查标准。

【任务评价】

学生测评表见表1-1。

表 1-1 学生测评表

组别/姓名		班级		学号	
情境名称		日期			
子情境名称					
测评项目	测评标准	分值	组内评分 20%	组外评分 30%	教师评分 50%
准备工作	加热炉相关知识表述正确	10			
识别危害因素	正确识别危害因素	20			
	正确描述危险源	20			
编制安全检查表	表格规范	10			
	检查项目完整	20			
	检查标准准确	20			
合计		100			

【知识链接】

一、术语

1. 危险源

危险源指可能造成人员伤害、死亡、职业相关病症、财产损失、作业环境破坏或这些情况组合的根源或状态（引自 GB/T 28001—2001)。也可以叫做危害。

在管理体系标准中，“危险源”或“危害”可以是存在危险的一件设备、一处设施或一个系统，也可能是一件设备、一处设施、一项操作、一个行为、一处环境、一项管理或一个系统中存在危险的一部分。

2. 危险因素

危险因素指能对人造成伤亡或对物造成突发性损害的因素（强调突发性和瞬间作用）。

3. 有害因素

有害因素指能影响人的身体健康，导致疾病，或对物造成慢性损害的因素（强调在一定时间范围内的积累作用)。

4. 危险、有害因素的辨识

危险、有害因素的辨识是确定危险、有害因素的存在及其大小的过程，通常将危险因素、有害因素通称为危险有害因素。

5. 环境

环境是指组织运行活动的外部存在，包括空气、水、土地、自然资源、植物、动物、人，以及它们之间的相互关系（引自 GB/T 24001—2004)。

二、两类危险源

1. 第一类危险源

系统中存在的、可能发生意外释放和转移的能量或危险物质及其载体称为“第一类危险源”。

(1) 能量　能量包括电能、机械能、声能、辐射能，如锅炉燃烧生成蒸汽可以发电。

(2) 危险物质　危险物质是在一定条件下能损伤人体的生理机能和正常代谢功能、破坏设备和物品的效能的物质。例如，生产过程中的有毒物质、腐蚀性物质、有害粉尘、窒息性气体等危险物质，如硫化氢、一氧化碳、甲醛等大量有毒有害的气、液、固态等化学物质。

2. 第二类危险源

导致能量和危险物质的约束、限制措施破坏或失效的各种不安全因素称为“第二类危险源”。而这种失控是基于设备故障、人员操作失误、环境缺陷或管理缺陷所造成的。主要内容如下。

① 物（设施）的不安全状态，包括可能导致事故发生和危害扩大的设计缺陷、工艺缺陷、设备缺陷、保护措施和安全装置的缺陷。

② 人的不安全行动，包括不采取安全措施、误动作、不按规定的方法操作，某些不安全行为（制造危险状态）。

③ 环境缺陷，包括物理的（噪声、振动、湿度、辐射），化学的（易燃易爆、有毒、危险气体、氧化物等）以及生物的因素。

④ 管理缺陷，包括安全监督、检查、事故防范、应急管理、作业人员安排、防护用品缺少、工艺过程和操作方法等的管理。

3. 两类危险源与事故的关系

第一类危险源的存在是事故发生的前提，没有第一类危险源就谈不上能量或危险物质的意外释放，也就无所谓事故。第二类危险源的出现是第一类危险源导致事故的必要条件。如果没有第二类危险源对第一类危险源的控制，也不会发生能量或危险物质的意外释放。

在事故的发生、发展过程中，两类危险源相互依存、相辅相成。第一类危险源在事故时释放出的能量是导致人员伤害、财产损坏或环境破坏的能量主体，决定事故后果的严重性；第二类危险源出现的难易决定事故发生的可能性。两类危险源与事故的关系如图1-2所示。

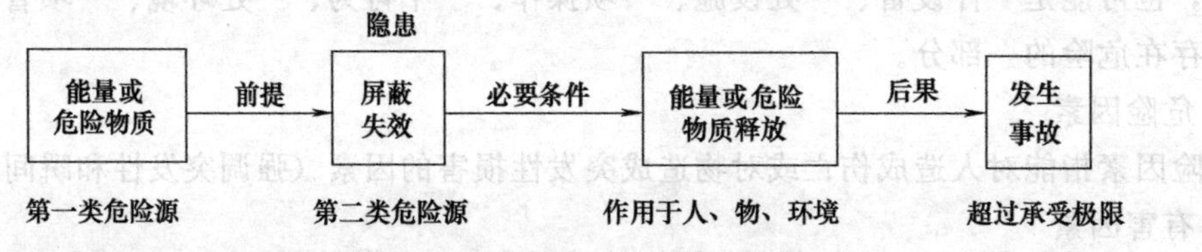

图1-2 两类危险源与事故关系图

三、危险源分类

1. 按导致事故的直接原因进行分类

根据《生产过程危险和有害因素分类与代码》(GB/T 13861—1992）的规定，将生产过程中的危险、有害因素分为以下6大类。

① 物理性危险、有害因素；

② 化学性危险、有害因素；

③ 生物性危险、有害因素；

④ 心理、生理性危险、有害因素；

⑤ 行为性危险、有害因素；

⑥ 其他危险、有害因素。

2. 参照事故类别进行分类

参照《企业职工伤亡事故分类》(GB 6441—1986)，综合考虑起因物、引起事故的诱导性原因、致害物、伤害方式等，将危险、危害因素分为20类，包括：①物体打击；②车辆伤害；③机械伤害；④起重伤害；⑤触电；⑥淹溺；⑦灼烫；⑧火灾；⑨高处坠落；⑩坍塌；⑪冒顶片帮；⑫透水；⑬爆破伤害；⑭火药爆炸；⑮瓦斯爆炸；⑯锅炉爆炸；⑰容器爆炸；⑱其他爆炸；⑲中毒和窒息；⑳其他伤害。

四、危险源辨识的内容

在正确理解和认识第一、二类危险源的基础上，在危险源辨识的实际工作中主要从如下九个方面入手。

1. 地理位置

从活动场所所处地形地貌、周围环境、自然灾害、资源交通、抢险救灾外部支持条件等方面进行分析。

2. 平面布局

(1) 总图　功能分区（生产、管理、辅助生产、生活区）布置；高温、有害物质、噪声、辐射、易燃、易爆、危险品设施布置；工艺流程布置；建筑物、构筑物布置；风向、安全距 离、卫生防护距离等。

(2) 运输线路及码头　厂区道路、厂区铁路、危险品装卸区、厂区码头。

3. 基础设施

建（构）筑物的结构、防火、防爆、朝向、采光、运输通道、开门；应急、消防、急救、逃生、劳保、警示、防护、监视、环保、报警设备设施等；生活服务配套设施和服务，如宿舍、食堂、饮用水等。

4. 作业环境

生产性粉尘、噪声、振动、辐射、高温和低温、采光和照明。

5. 物料性质

见子情境 1.2。

6. 生产工艺过程

识别温度、压力、速度、作业及控制条件、事故及失控状态。工艺流程或生产条件也会产生危险或使生产过程中材料的危险性加剧。

7. 生产设备、装置

识别化工设备、装置，高温、低温、腐蚀、高压、振动、管件部位的备用设备、控制、操作、检修和故障、失误时的紧急异常情况。

8. 有计划或日常的工作和临时性的活动

识别企业所从事的各项有计划的日常工作，如设计开发、加工制造、采购供应、仓储运输、后勤保障等，以及可能开展的临时性活动，如开工、停工、搬迁、维护检修、应急等，进 而识别每一个工作或活动过程中存在或可能存在的危险源。

9. 管理制度

识别评价各项管理制度的适应性、合理性与有效性，从中发现管理上存在的缺陷。

五、危险源的描述方法

“危险源”中有两个关键词，分别是“根源”和“状态”，这里的“根源”就是指系统中存在的、可能 发生意外释放和转移的能量或危险物质，对应的是“第一类危险源”。“状态”就是能量或危险物质的约束或限制的状态，导致这些约束或限制措施破坏或失效的各种不安全因素就是“第二类危险源”，它包括人、物、环境、管理四个方面的问题。

1. 第一类危险源的描述

能量被解释为物体做功的本领。做功的本领是无形的，只有在做功时才显现出来。危险物质在一定条件下能损伤人体的生理机能和正常代谢功能、破坏设备和物品的效能。因此，实际工作中往往把产生能量的能量源或拥有能量的能量载体、危险物质，以及产生、储存危险物质的设备、容器或场所作为第一类危险源来处理。但按人们对危险源和事故的习惯认识，对于第一类危险源在HSE管理体系中的正确描述通常采用如下几种形式。

(1)"能量源或能量载体"＋"能量释放转化方式或造成的后果"

如：油罐的泄漏、着火、爆炸，井喷着火，管道破裂，火药、瓦斯爆炸，车辆撞击，物体挤压、打击，管沟坍塌，高空坠落，放射性物质辐射，高温物质灼伤，锅炉、压力容器爆炸等。

(2)"能量源或能量载体"＋"能量的释放或转换方式受阻的后果"

如：电动机过热、管线超压、容器超压、矿井透水等。

(3)"危险物质"＋"造成的后果"

如：CO中毒、H_2S中毒、铅中毒、硫酸灼伤、CO_2窒息、N_2窒息、水体淹溺等。

(4)"职业危害因素"

职业危害因素往往指的是存在职业危害，如噪声、中暑、粉尘、有毒有害气体、焊尘、弧光、辐射、传染病等，这种职业危害所造成的后果往往要长时间的积累才能显现，而这种后果可能造成职业病或与职业相关性疾病。这时危险源的描述就只是一个名词。

2. 第二类危险源描述

第二类危险源在描述中不要把同类危险源一并描述，应尽量具体到每一项危险源。比如，使用操作失误、设备缺陷、管理不善、环境不良等方式的描述，就过于笼统，这样的危险源辨识就失去了原来的意义，如环境的不良，可能有很多种情况，应具体指出其内容：如光线不合适，烟雾弥漫，照明不足，阴影，耀眼；头部空间不足和现场杂乱；路线和方向不正确；进口、出口不安全或不合适；地面湿滑、不平；工作场所维护和清洁较差；噪声过高等，这些都是可能存在的环境不良。应结合具体的现场情况识别到这种程度。同样，操作失误应明确是什么样的错误操作；设备缺陷应明确什么设备的哪个部位存在缺陷；管理不善应明确是哪项管理制度、管理方法和管理措施存在问题等。

六、危险源辨识实例

苯乙烯罐区岗工艺过程存在的风险及控制见表1-2。

表1-2 苯乙烯罐区岗工艺过程存在的风险及控制措施

<table>
<tr><th>序号</th><th>工艺过程名称</th><th>固有危险因素</th><th>可能发生的危险</th></tr>
<tr><td rowspan="2">1</td><td rowspan="2">巡检</td><td rowspan="2">①物体打击
②摔伤、挫伤、磕绊</td><td>①保温铁皮脱落
②管廊上杂物掉落</td></tr>
<tr><td>①踩踏管线
②注意力不集中，未注意脚下管线或其他障碍物
③雨后或雪后扶梯滑</td></tr>
<tr><td rowspan="3">2</td><td rowspan="3">罐区检尺</td><td rowspan="3">①易燃易爆
②有毒有害
③登高作业</td><td>①静电引起爆炸
②穿钉鞋，打火花
③未使用铜锤尺
④罐区内使用不防爆手机</td></tr>
<tr><td>①扶梯锈蚀严重
②雪天或雨后较滑
③踏空掉落</td></tr>
<tr><td>①未站在上风口
②未佩戴防毒面具</td></tr>
</table>

续表

序号	工艺过程名称	固有危险因素	可能发生的危险
3	罐区脱水	有毒有害	①脱水时忘关阀门 ②脱水时离人 ③油水不分
			①未正确佩戴防护设备 ②通风不好 ③泄漏量太大
4	采样	①易燃易爆 ②有毒有害 ③登高作业	①未站在上风口 ②未戴防毒面具
			①静电引起爆炸 ②穿钉鞋,打火花 ③未使用铜壶 ④罐区内使用不防爆手机
			油样溅到皮肤或眼睛上
5	收油	①易燃易爆 ②有毒有害	①未佩戴防毒面具 ②罐区管线法兰等有泄漏 ③检尺时未站在上风口
			①阀门不严 ②开错阀门
			①静电引起爆炸 ②穿钉鞋,打火花 ③未使用铜锤尺检尺 ④罐区内使用不防爆手机
			①未及时检尺 ②内操监盘不认真 ③仪表假象
6	送油	①易燃易爆 ②有毒有害	①阀门不严 ②开错阀门
			①静电引起爆炸 ②穿钉鞋,打火花 ③未使用铜锤尺检尺 ④罐区内使用不防爆手机
			①未及时检尺 ②内操监盘不认真 ③仪表假象
			①未佩戴防毒面具 ②泄漏量太大 ③检尺时未站在上风口
7	DNBP卸车	①易燃易爆 ②有毒有害	①垫片损坏或未紧住 ②管线砂眼腐蚀 ③卸车泵密封损坏
			①货车突然启动,软管拉抻损坏 ②金属软管腐蚀老化,造成破裂
			①未及时检尺 ②内操监盘不认真 ③仪表假象
			①未接好静电导出线 ②遇到明火

七、危险源辨识方法——安全检查表

1. 安全检查表概述

安全检查表（Safety Checklist Analysis，缩写SCA）是依据相关的标准、规范，对工程、系统中已知的危险类别、设计缺陷以及与一般工艺设备、操作、管理有关的潜在危险性和有害性进行判别检查。为了避免检查项目遗漏，事先把检查对象分割成若干系统，以提问或打分的形式，将检查项目列表，这种表就称为安全检查表。按其用途分为设计用安全检查表、厂级安全检查表、车间用安全检查表、岗位用安全检查表、专业性安全检查表。安全检查表是危险源辨识中最基础、最初步的方法。

2. 安全检查表的编制依据

① 国家、地方的相关安全法规、规定、规程、规范和标准，行业、企业的规章制度、标准及企业安全生产操作规程。

② 国内外行业、企业事故统计案例，经验教训。

③ 行业及企业安全生产的经验，特别是本企业安全生产的实践经验，引发事故的各种潜在不安全因素及成功杜绝或减少事故发生的成功经验。

④ 系统安全分析的结果，即是为防止重大事故的发生而采用事故树分析方法，对系统进行分析得出能导致引发事故的各种不安全因素的基本事件，作为防止事故控制点源列入检查表。

3. 安全检查表编制步骤

要编制一个符合客观实际、能全面识别、分析系统危险性的安全检查表，首先要建立一个编制小组，其成员应包括熟悉系统各方面的专业人员。其主要步骤如下。

（1）熟悉系统　包括系统的结构、功能、工艺流程、主要设备、操作条件、布置和已有的安全消防设施。

（2）搜集资料　搜集有关的安全法规、标准、制度及本系统过去发生过事故的资料，作为编制安全检查表的重要依据。

（3）划分单元　按功能或结构将系统划分成若干个子系统或单元，逐个分析潜在的危险因素。

（4）编制检查表　针对危险因素，依据有关法规、标准规定，参考过去事故的教训和本单位的经验确定安全检查表的检查要点、内容和为达到安全指标应在设计中采取的措施，然后按照一定的要求编制检查表。

（5）编制复查表　其内容应包括危险、有害因素明细，是否落实了相应设计的对策措施，能否达到预期的安全指标要求，遗留问题及解决办法和复查人等。

4. 编制检查表应注意的事项

编制安全检查表力求系统完整，不漏掉任何能引发事故的危险关键因素，因此，编制安全检查表应注意如下问题。

① 检查表内容要重点突出，简繁适当，有启发性。

② 各类检查表的项目、内容，应针对不同被检查对象有所侧重，分清各自职责内容，尽量避免重复。

③ 检查表的每项内容要定义明确，便于操作。

④ 检查表的项目、内容能随工艺的改造、设备的更新、环境的变化和生产异常情况的

出现而不断修订、变更和完善。

⑤ 凡能导致事故的一切不安全因素都应列出，以确保各种不安全因素能及时被发现或消除。

5. 安全检查表实例

表1-3为塔安全检查表。

表 1-3 塔安全检查表

序号	检查项目	标准	检查结果		备注
			是	否	
1	安全阀	资料齐全，在检定期内有铅封、前后手阀开、无泄漏			
2	压力表	选型正确，检定期内精度、量程合适，指示正确无泄漏			
3	玻璃板	法兰、放空无泄漏，指示正确			
4	接口法兰	法兰、垫片、螺栓材质正确，安装好，无泄漏			
5	塔体壁厚	完好，符合要求			
6	接地	在规定范围内			
7	差压变送器	无泄漏，指示准确			
8	双法兰液位计	无泄漏，指示准确			
9	操作液位	30%～90%			
10	操作压力	小于1.6MPa			
11	操作温度	塔底温度小于108℃			
12	支承支座	牢固、齐全、基础完整、无严重裂纹，无不均匀下沉，紧固螺栓完好			
13	资料、年检情况	资料齐全，按规定年检			

子情境1.2 危险化学品风险辨识

【任务描述】

了解生产或使用的物料性质是危险源辨识的基础。搞清物料化学物理性质和相应的急救和防护措施最有效的途径就是危险化学品安全说明书。本子情境是选取一种炼化企业典型的危险化学品，编制该危险化学品的安全说明书（简化）。

【任务实施】

步骤一：识别危险化学品理化性质。

步骤二：识别危险化学品危险爆炸的危险性。

步骤三：识别危险化学品的毒性及健康危害。

步骤四：急救、防护措施及泄漏处理。

【任务评价】

学生测评表见表1-4。

表1-4 学生测评表

组别/姓名			班级		学号	
情境名称			日期			
子情境名称						
测评项目		测评标准	分值	组内评分 20%	组外评分 30%	教师评分 50%
专业知识	准备工作	做好预习，资料完善	10			
	安全分享	内容贴近实际	5			
	随机提问	回答正确	10			
专业能力	专业素养	知识的准确性	20			
		内容的实用性	20			
	活动过程	表达能力	15			
		沟通能力	10			
		合作精神	10			
合计			100			

【知识链接】

一、危险化学品的概念

危险化学品是指具有爆炸、易燃、腐蚀、放射性等性质，在生产、经营、储存、运输、使用和废弃物处置过程中，容易造成人身伤亡和财产损毁而需要特别防护的化学品。

二、危险化学品的主要特性

1. 燃烧性

爆炸品、压缩气体和液化气体中的可燃性气体、易燃液体、易燃固体、自燃物品、遇湿易燃物品、有机过氧化物等，在条件具备时均可发生燃烧。

2. 易爆性

由于挥发性大，当盛放易燃液体的容器有某种破损或不密封时，挥发出来的易燃蒸气扩散到存放或运载该物品的库房或车厢的整个空间，与空气混合，当浓度达到一定范围，即达到爆炸极限时，遇明火或火花即能引起爆炸。

3. 毒害性

许多危险化学品可通过一种或多种途径进入人体和动物体内，当其在人体内累积到一定量时，便会扰乱或破坏肌体的正常生理功能，引起暂时性或持久性的病理改变，甚至危及生命。

4. 腐蚀性

强酸、强碱等物质能对人体组织、金属等物品造成损坏，接触人的皮肤、眼睛、肺部、食道等时，会引起表皮组织坏死而造成灼伤，内部器官灼伤后会引起炎症，甚至造成死亡。

三、危险化学品的种类

1. 爆炸品

在受热、受摩擦、撞击等外界条件下，能发出剧烈的化学反应，瞬时产生大量的气体和热量，使周围压力急骤上升，发生爆炸。例如三硝基甲苯（TNT）、三硝基苯酚。爆炸品标识如图 1-3 所示。

2. 压缩气体和液化气体

压缩气体和液化气体是指压缩、液化或加压溶解的气体，并应符合下述两种情况之一者：

① 临界温度低于 50℃时，或在 50℃时，其蒸气压力大于 294kPa 的压缩或液化气体；

② 温度在 21.1℃时，气体的绝对压力大于 275kPa，或在 54.4℃时，气体的绝对压力大于 715kPa 的压缩气体；或在 37.8℃时，蒸气压大于 275kPa 的液化气体或加压溶解气体。

图 1-3 爆炸品标识

压缩气体和液化气体按性质分为以下三项。

(1) 易燃气体 此类气体极易燃烧，与空气混合能形成爆炸性混合物。在常温常压下遇明火、高温会发生燃烧或爆炸。如氢气、一氧化碳、甲烷。

(2) 不燃气体（包括助燃气体） 不燃气体系指无毒、不燃气体，包括助燃气体。但高浓度时有窒息作用。助燃气体有强烈的氧化作用，遇油脂能发生燃烧或爆炸。如压缩空气、氮气等。

(3) 有毒气体 该类气体有毒，毒性指标与第 6 类毒性指标相同。对人畜有强烈的毒害、窒息、灼伤、刺激作用。其中有些还具有易燃、氧化、腐蚀等性质。如一氧化氮、氯气、氨等。压缩气体和液化气体标识如图 1-4 所示。

3. 易燃液体

常温下易挥发，其蒸气与空气混合物能形成爆炸性混合物。如汽油、苯。易燃液体标识如图 1-5 所示。

图 1-4 压缩气体和液化气体标识

图 1-5 易燃液体标识

易燃液体指易燃的液体、液体混合物或含有固体物质的液体，但不包括由于其危险性已列入其他类别的液体。

4. 易燃固体、自燃物品和遇湿易燃物品

本类物品易于引起和促成火灾，按其燃烧特性分为以下三项。

(1) 易燃固体 本项化学品系指燃点低，对热、撞击、摩擦敏感，易被外部火源点燃，燃烧迅速，并可能散发出有毒烟雾或有毒气体的固体，但不包括已列入爆炸品的物质。如红磷、硫黄。

（2）自燃物品　本项化学品系指自燃点低，在空气中易于发生氧化反应，放出热量，而自行燃烧的物品。如白磷、三乙基铝等。

（3）遇湿易燃物品　本项化学品系指遇水或受潮时，发生剧烈化学反应，放出大量的易燃气体和热量的物品。有些不需明火，即能燃烧或爆炸。

遇湿易燃物质除遇水反应外，遇到酸或氧化剂也能发生反应，而且比遇到水发生的反应更为强烈，危险性也更大。因此，储存、运输和使用时，注意防水、防潮，严禁火种接近，与其他性质相抵触的物质隔离存放。如乙炔、钾、钠等。易燃固体、自燃物品和遇湿易燃物品标识如图 1-6 所示。

图 1-6　易燃固体、自燃物品和遇湿易燃物品标识

5. 氧化剂和有机过氧化物

氧化剂指处于高氧化态，具有强氧化化性，易分解并放出氧化和热量的物质。包括含有过氧化基的无机物，其本身不一定可燃，但能导致可燃物的燃烧；与粉末状可燃物能组成爆炸性混合物，对热、震动或摩擦较为敏感，如过氧化钠、高锰酸钾。有机过氧化物是指分子组成中含有过氧键的有机物，其本身易燃易爆、极易分解，对热、震动和摩擦极为敏感，如过氧化苯甲酰、过氧化甲乙酮。氧化剂和有机过氧化物标识如图 1-7 所示。

6. 有毒品

进入肌体后，累积达一定量，能与体液和组织发生生物化学作用或生物物理学作用，扰乱或破坏肌体的正常生理功能，引起暂时性或持久性的病理改变。如氰化钠、氰化钾、砷酸盐、酚类。有毒品标识如图 1-8 所示。

图 1-7　氧化剂和有机过氧化物标识

图 1-8　有毒品标识

7. 放射性物品

放射性物品是指含有放射性核素，并且其活度和比活度均高于国家规定的豁免值的物品。通俗地讲，放射性物品就是含有放射性核素，并且物品中的总放射性含量和单位质量的放射性含量均超过免于监管的限值的物品。如铀、钴、铯等。放射性物品标识如图 1-9 所示。

8. 腐蚀品

灼伤人体组织并对金属等物品造成损坏的固体和液体。如硫酸、盐酸、氢氧化钠、氯化铜等。腐蚀品标识如图 1-10 所示。

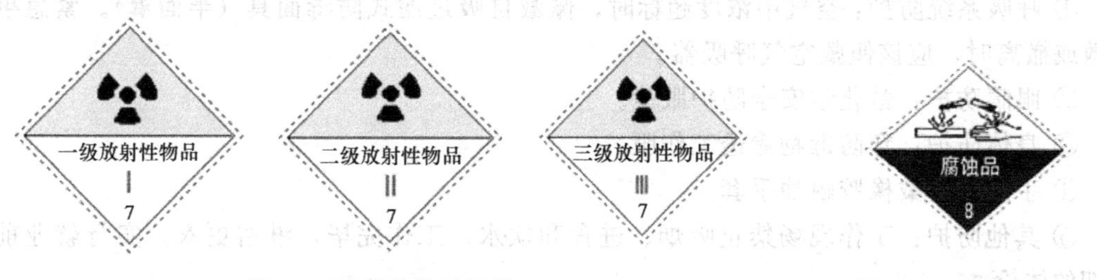

图 1-9　放射性物品标识　　图 1-10　腐蚀品标识

四、典型危险化学品的健康危害、防护及应急处理

1. 硫化氢

(1) 主要危害

① 强烈的神经毒物，对黏膜有强烈刺激作用。

② 急性中毒：短期内吸入高浓度硫化氢后出现流泪、眼痛、眼内异物感、畏光、视物模糊、流涕、咽喉部灼热感、咳嗽、胸闷、头痛、头晕、乏力、意识模糊等。部分患者可有心肌损害。

(2) 应急处理

① 眼睛接触：立即提起眼睑，用大量流动清水或生理盐水彻底冲洗至少 15min。就医。

② 吸入：迅速脱离现场至空气新鲜处。保持呼吸道通畅。如呼吸困难，输氧。如呼吸停止，立即进行人工呼吸。就医。

(3) 防护措施

① 呼吸系统防护：佩戴空气呼吸器。

② 眼睛防护：戴化学安全防护眼镜。

③ 身体防护：穿防静电工作服。

④ 手防护：戴防化学品手套。

⑤ 其他防护：工作现场禁止进食和饮水。工作完毕，淋浴更衣。及时换洗工作服。作业人员应学会自救互救。进入罐、有限空间或其他高浓度区作业，须有人监护。

2. 苯

(1) 主要危害

① 吸入高浓度苯蒸气对中枢神经系统有麻醉作用，出现头痛、头晕、恶心、呕吐、神志恍惚、嗜睡等。重者意识丧失、抽搐，甚至死亡。

② 长期接触苯对造血系统有损害，引起白细胞和血小板减少，重者导致再生障碍性贫血。

③ 本品可引起白血病。具有生殖毒性。

(2) 应急处理

① 皮肤接触：脱去污染的衣着，用清水彻底冲洗皮肤并就医。

② 眼睛接触：提起眼睑，用流动清水或生理盐水冲洗并就医。

③ 吸入：迅速脱离现场至空气新鲜处。保持呼吸道通畅。如呼吸困难，输氧。呼吸、心跳停止，立即进行心肺复苏术，就医。禁用肾上腺素。

④ 食入：饮水，禁止催吐。

（3）防护措施

① 呼吸系统防护：空气中浓度超标时，佩戴自吸过滤式防毒面具（半面罩）。紧急事态抢救或撤离时，应该佩戴空气呼吸器。

② 眼睛防护：戴化学安全防护眼镜。

③ 身体防护：穿防毒物渗透工作服。

④ 手防护：戴橡胶耐油手套。

⑤ 其他防护：工作现场禁止吸烟、进食和饮水。工作完毕，淋浴更衣。实行就业前和定期的体检。

3. 苯胺

（1）主要危害

① 可经呼吸道和皮肤吸收。

② 本品主要引起高铁血红蛋白血症，出现紫绀可引起溶血性贫血和肝、肾损害。可致化学性膀胱炎。眼接触引起结膜角膜炎。

（2）应急处理

① 皮肤接触：立即脱去污染的衣服，用清水彻底冲洗皮肤，就医。

② 眼睛接触：立即提起眼睑，用大量流动清水或生理盐水彻底冲洗，就医。

③ 吸入：迅速脱离现场至空气新鲜处。保持呼吸道通畅。如呼吸困难，输氧。呼吸、心跳停止，立即进行心肺复苏术，就医。

④ 食入：饮足量温水，催吐，就医。

⑤ 解毒剂：静脉注射维生素C和亚甲蓝。

（3）防护措施

① 呼吸系统防护：可能接触其蒸气时，佩戴过滤式防毒面具（半面罩）。紧急事态抢救或撤离时，佩戴空气呼吸器。

② 眼睛防护：戴安全防护眼镜。

③ 身体防护：穿防毒物渗透工作服。

④ 手防护：戴橡胶耐油手套。

⑤ 其他防护：工作现场禁止吸烟、进食和饮水。及时换洗工作服。工作前后不饮酒，用温水洗澡。注意检测毒物。实行就业前和定期的体检。

4. 一氧化碳

（1）主要危害

① 经呼吸道侵入体内，与血红蛋白结合生成碳氧血红蛋白，使血液携氧能力明显降低，造成组织缺氧

② 急性中毒出现剧烈头痛、头晕、耳鸣、心悸、恶心、呕吐、无力、意识障碍，重者出现深昏迷、脑水肿、肺水肿和心肌损害，血液碳氧血红蛋白浓度升高。

（2）应急处理

吸入：迅速脱离现场至空气新鲜处。保持呼吸道通畅。如呼吸困难，输氧。呼吸、心跳停止，立即进行心肺复苏术，就医，高压氧治疗。

（3）防护措施

① 呼吸系统防护：空气中浓度超标时，佩带自吸过渡式防毒面具（半面罩）。紧急事态抢救或撤离时，建议佩带空气呼吸器、一氧化碳过滤式自救器。

② 眼睛防护：一般不需要特别防护，高浓度接触时可戴安全防护眼睛。

③ 身体防护：穿防静电工作服。

④ 手防护：戴一般作业防护手套。

⑤ 其他：工作现场严禁吸烟。实行就业前和定期的体验。避免高浓度吸入。进入罐、限制性空间或其他高浓度区作业，须有人监护。

5. 硫酸

(1) 主要危害

① 可通过吸入、食入的途径侵害人体。

② 对皮肤、黏膜等组织有强烈的刺激和腐蚀作用。

③ 蒸气或雾可引起结膜炎、结膜水肿、角膜混浊，以至失明。

④ 引起呼吸道刺激，重者发生呼吸困难和肺水肿；高浓度引起喉痉挛或声门水肿而窒息死亡。

⑤ 口服后引起消化道烧伤以致溃疡形成；严重者可能有胃穿孔、腹膜炎、肾损害、休克等。

⑥ 皮肤灼伤轻者出现红斑，重者形成溃疡，愈后瘢痕收缩影响功能。

⑦ 溅入眼内可造成灼伤，甚至角膜穿孔、全眼炎以至失明。

⑧ 慢性影响：牙齿酸蚀症、慢性支气管炎、肺气肿和肺硬化。

(2) 应急处理

① 眼睛接触：立刻提起眼睑，用大量清水或生理盐水彻底冲洗至少 15min。就医。

② 皮肤接触：立即脱去被污染的衣着，用大量流动清水或生理盐水彻底冲洗至少 15min，就医。

③ 吸入：迅速脱离现场至空气新鲜处。保持呼吸道通畅。呼吸困难时给输氧。呼吸停止时，立即进行人工呼吸，就医。

④ 食入：误服者用水漱口，给饮牛奶或蛋清，就医。

(3) 防护措施

① 呼吸系统防护：可能接触起烟雾时，佩戴自吸过滤式防毒面具（全面罩）或空气呼吸器。紧急事态抢险或撤离时，建议佩戴氧气呼吸器。

② 眼睛防护：呼吸系统防护中已作防护。

③ 手部防护：戴橡胶耐酸碱手套。

④ 身体防护：穿橡胶耐酸碱服。

⑤ 其他防护：工作现场禁止吸烟、进食和饮水。工作结束，淋浴更换衣服。单独存放被毒物污染的衣服，洗后备用。保持良好的卫生习惯。

6. 三氯乙烯

(1) 主要危害

① 急性中毒：短时内接触（吸入、经皮和口服）大量本品可引起急性中毒。吸入极高浓度可迅速昏迷。吸入高浓度后可有眼和上呼吸道刺激作用。接触数小时后出现头痛、头晕、酩酊感、嗜睡等，重者发生抽搐，甚至昏迷、呼吸麻痹或循环衰竭。可出现三叉神经损害为主的颅神经损害，心脏损害主要为心率失常，可有肝肾损害。口服，消化道明显，肝肾损害突出。

② 慢性影响：出现头痛、头晕、乏力、睡眠障碍、胃肠功能紊乱、周围神经炎、心肌

损害、三叉神经麻痹和肝损害。长期接触本品可引起皮肤损害。

（2）应急处理

① 皮肤接触：脱去污染的衣着，用肥皂水和清水彻底冲洗。

② 眼睛接触：立即提起眼睑，用大量流动清水或生理盐水冲洗。

③ 吸入：迅速脱离现场至空气新鲜处。呼吸困难时给输氧。呼吸停止时，立即进行人工呼吸。就医。

④ 食入：患者清醒时给饮大量温水，催吐，洗胃。就医。

（3）防护措施

① 眼睛防护：戴安全防护眼镜。

② 呼吸系统防护：可能接触其蒸汽时，应佩戴自吸过滤式防毒面具（半面罩）。紧急事态抢救或撤离时，佩戴循环式氧气呼吸器。

③ 手部防护：戴防化学品手套。

④ 身体防护：穿防毒物渗透工作服。

⑤ 其他防护：工作现场禁止吸烟、进食和饮水。工作后，淋浴更衣。单独存放被毒物污染的衣服，洗后再用。注意个人清洁卫生。

7. 甲醛

（1）主要危害

① 本品对黏膜、上呼吸道、眼睛和皮肤有强烈刺激性。

② 接触其蒸气，引起结膜炎、角膜炎、鼻炎、支气管炎；重者发生喉痉挛、声门水肿和肺炎等。肺水肿较少见。

③ 对皮肤有原发性刺激和致敏作用，可致皮炎；浓溶液可引起皮肤凝固性坏死。

④ 口服灼伤口腔和消化道，可发生胃肠道穿孔，休克，肾和肝脏损害。

⑤ 慢性影响：长期接触低浓度甲醛可有轻度眼、鼻、咽喉刺激症状，皮肤干燥、皲裂、甲软化等。

（2）应急处理

① 皮肤接触：立即脱去污染的衣着，用大量流动清水冲洗至少15min。就医。

② 眼睛接触：立即提起眼睑，用大量流动清水或生理盐水彻底冲洗至少15min。就医。

③ 吸入：迅速脱离现场至空气新鲜处。保持呼吸道通畅。如呼吸困难，给输氧。如呼吸停止，立即进行人工呼吸。就医。

④ 食入：用1%碘化钾60mL灌胃，常规洗胃，就医。

（3）防护措施

① 呼吸系统防护：可能接触其蒸气时，建议佩戴自吸过滤式防毒面具（全面罩）。紧急事态抢救或撤离时，佩戴隔离式呼吸器。

② 眼睛防护：呼吸系统防护中已作防护。

③ 身体防护：穿橡胶耐酸碱服。

④ 手防护：戴橡胶手套。

⑤ 其他防护：工作现场禁止吸烟、进食和饮水。工作完毕，彻底清洗。注意个人清洁卫生。实行就业前和定期的体检。进入罐、限制性空间或其他高浓度区作业，须有人监护。

五、危险化学品的燃烧爆炸危害

1. 燃烧的定义

燃烧是可燃物质（气体、液体或固体）与助燃物（氧或氧化剂）发生的伴有放热和发光的一种激烈的化学反应。

燃烧具有发光、发热、生成新物质三个特征，这也是区分燃烧和非燃烧现象的依据。

2. 燃烧的条件

(1) 燃烧的必要条件

①可燃物；②助燃物；③点火源。

上述三个条件是燃烧的必要条件。但具备了这三个条件，也不一定发生燃烧，还要看是否具备充分条件。

(2) 燃烧的充分条件

① 一定的可燃物浓度；

② 一定的氧气（氧化剂）含量；

③ 一定的引火能量（点火能）。

燃烧不仅必须具备必要条件（三要素）和充分条件，而且还必须使以上条件相互结合、相互作用，燃烧才会发生和持续，否则，燃烧也不能发生。

3. 常见的火源种类

常见的火源种类包括：明火；高热物及高温表面；电火花；静电、雷电；摩擦与撞击；易燃物自行发热；绝热压缩；化学反应热、光线和射线。

4. 燃烧的分类

(1) 根据燃烧方式的不同分类

① 扩散燃烧：当可燃气体流入大气中时，在可燃性气体与阻燃性气体的接触表面上所发生的燃烧叫扩散燃烧。如天然气井口发生的井喷燃烧。

② 预混燃烧：当可燃气体和助燃性气体预先混合成一定浓度范围内混合气体，然后遇到点火源而产生的燃烧叫预混燃烧。如气体爆炸。

③ 蒸发燃烧：可燃液体的燃烧，实质上是燃烧可燃液体蒸发出来的蒸气，所以叫蒸发燃烧。如硫、沥青、石蜡、高分子材料、萘和樟脑等。

④ 分解燃烧：对于固体或难挥发的可燃液体，其受热后分解出可燃性气体，然后这些可燃性气体进行燃烧，这种燃烧形式称为分解燃烧。如天然高分子材料中的木材、纸张、棉、麻、毛以及合成高分子纤维等。

⑤ 表面燃烧：指有些固体可燃物的蒸气压非常小或难于发生热分解，不能发生蒸发燃烧或分解燃烧，当氧气包围物质的表层时，呈炽热状态发生无火焰燃烧，它属于非均相燃烧。如木炭、焦炭、铁、钨等。

⑥ 阴燃：是指某些固体可燃物在空气不流通，加热温度较低或可燃物含水分较多等条件下发生的只冒烟、无火焰的燃烧现象。有焰燃烧和阴燃在一定的条件下可以相互转化。如成捆堆放的棉、麻、纸张及大量堆放的煤、杂草、湿木材等。

(2) 根据燃烧发生瞬间的特点分类　根据燃烧发生瞬间的特点，燃烧分为闪燃、着火和自燃三种形式。

① 闪燃

a. 闪燃：可燃液体（包括少量可熔化的固体，如萘、樟脑、硫黄、石蜡、沥青等）蒸汽与空气形成的混合可燃气体，达到一定浓度时，遇到点火源以后，只出现瞬间闪火而不能持续燃烧的现象叫闪燃。

b. 闪点：引起可燃液体闪燃的最低温度叫闪点。

c. 闪点的实用意义：闪点是评价可燃液体危险程度的重要参数之一。表1-5是几种常见石油化工产品的闪点。

表1-5 几种常见石油化工产品的闪点

介质名称	闪点/℃	介质名称	闪点/℃
汽油	−30～28	苯	−11.1
煤油	8～38	甲苯	4.64
柴油	55～120	二甲苯	27～31
润滑油	180～215	甲醇	16

② 着火

a. 着火：是指可燃物受到外界火源的直接作用而开始的持续燃烧现象。

b. 着火点：不论是固态、液态或气态的可燃物质，如与空气共同存在，当达到一定温度时与火源接触就会燃烧，移去火源后还继续燃烧时，可燃物质的最低温度叫做燃点，也叫着火点。一般液体燃点高于闪点，易燃液体的燃点比闪点高1～5℃。

③ 自燃　可燃物在没有外部火花、火焰等点火源的作用下，因受热或自身发热并蓄热而发生的自然燃烧现象，叫做自燃。

引起自燃的最低温度称为自燃点（或引燃温度）。自燃温度的物理意义是可燃混合物自发反应放出热量的速率等于向环境散失热量的速率时的温度。

5. 爆炸

(1) 爆炸定义　物质由一种状态迅速地转变为另一种状态，并瞬间以机械功的形式放出大量能量的现象，称为爆炸。

(2) 爆炸极限　可燃气体、可燃液体蒸气或可燃粉尘与空气混合并达到一定浓度时，遇火源就会燃烧或爆炸。这个遇火源能够发生燃烧或爆炸的浓度范围，称为爆炸极限。

爆炸极限通常用可燃气体在空气中的体积百分比（%）表示。对可燃粉尘，通常用单位体积内可燃粉尘的质量 g/m^3 来表示其爆炸上、下限值。

一般石油产品蒸气的爆炸范围约为1%～6%。四个碳以下的气体爆炸范围大致为1.9%～15%。一些物质在空气中的爆炸极限见表1-6。

表1-6 一些物质在空气中的爆炸极限

物质	爆炸上限($\times10^{-2}$)	爆炸下限($\times10^{-2}$)
一氧化碳	12.5	74.5
氢气	4.1	75
甲烷	4.9	15
天然气	4.0	16
煤粉	35	45

(3) 爆炸极限的实用意义

① 评价可燃性气体和液体的爆炸危险性

$$爆炸危险度=(爆炸上限-爆炸下限)/爆炸下限$$

② 确定可燃气体的生产、储存的火灾危险性分类。表1-7为石油天然气火灾危险性

分类。

表 1-7 石油天然气火灾危险性分类（GB 50183—2004）

类别		特征	举例
甲	A	37.8℃时蒸汽压力≥200kPa的液态烃	液化石油气、天然气凝液、未稳定凝析油、液化天然气
	B	①闪点＜28℃的液体（甲A类和液化气除外） ②爆炸下限＜10%（体积百分比）气体	原油、稳定轻烃、汽油、天然气、稳定凝析油、甲醇、硫化氢
乙	A	①闪点≥28℃至＜45℃的液体 ②爆炸下限≥10%的气体	原油、氨气、煤油
	B	闪点≥45℃至＜60℃的液体	原油、轻柴油、硫黄
丙	A	闪点≥60℃至≤120℃的液体	原油、重柴油、乙醇胺、乙二醇
	B	闪点＞120℃的液体	原油、二甘醇、三甘醇

注：1. 操作温度超过其闪点的乙类液体应视为甲B类液体。
2. 操作温度超过其闪点的丙类液体应视为乙A类液体。
3. 在原油系统中，闪点等于或大于60、且初馏点或大于180的原油，宜划分为丙类。

六、工作场所危险化学品相关警示标识

在炼化企业的工作环境中，对存在危险化学品危险的地点，都会有警示标识，与危险化学品相关的警示标识主要有以下两类。

1. 指令类标识

圆形，背景为蓝色，图像及文字用白色。一般常用的有“必须戴安全帽”，“必须戴护目镜”等。图 1-11 为部分指令类标识。

图 1-11 指令类标识

2. 警告类标识

警告类标识为等边三角形，背景为黄色，边和图形都用黑色，如图 1-12 所示。

七、危险化学品安全说明书（MSDS）

MSDS 是化学品生产或销售企业按法律要求向客户提供的有关化学品特征的一份综合性法律文件。它提供化学品的理化参数、燃爆性能、对健康的危害、安全使用贮存、泄漏处置、急救措施以及有关的法律法规等十六项内容。MSDS 可由生产厂家按照相关规则自行编写。但为了保证报告的准确规范性，可向专业机构申请编制。

图 1-12　警告类标识

1. 化学品安全说明书的主要作用

① 提供有关化学品的危害信息，保护化学产品使用者。

② 确保安全操作，为制订危险化学品安全操作规程提供技术信息。

③ 提供有助于紧急救助和事故应急处理的技术信息。

④ 指导化学品的安全生产、安全流通和安全使用。

⑤ 它是化学品登记管理的重要基础和信息来源。

2. 硫化氢 MSDS

硫化氢 MSDS 见表 1-8。

表 1-8　硫化氢 MSDS

理化性质	性状		无色有恶臭气体	CAS 编号	7783-06-4
	熔点/℃		－85.5	RTECS 编号	1225000
	沸点/℃		－60.4	UN 编号	1053
	相对密度		1.19	危货号	21006
燃烧爆炸危险性	参数	燃烧性	易燃	自燃点/℃	260
		闪点	小于 50℃	爆炸极限	4.0%～44.0%
	危险特性	与空气混合能形成爆炸性混合物，遇明火高热能引起燃烧爆炸。遇高热、容器内压增大，有开裂和爆炸的危险			
	灭火方法	切断气源。若不能立即切断气源，则不允许熄灭正在燃烧的气体。喷水冷却容器，可能的话将容器从火场移至空旷处。雾状水、干粉、二氧化碳			
毒性及健康危害	参数	侵入途径	吸入	毒性分级(中国)	Ⅱ
		接触限值	$10mg/m^3$	毒性分级(美国)	$N_H=4$
	健康危害	本品是强烈的神经毒物，对黏膜有刺激作用。高浓度时可直接抑制呼吸中枢，引起迅速窒息而死亡。当浓度 $70\sim1500mg/m^3$，吸入 2～5min 后嗅觉疲劳，不再闻到臭味，1～2h 后有呼吸道、眼刺激症状，达到 $760mg/m^3$，吸入 15～60min 发生肺水肿，支气管炎及肺炎；$1000mg/m^3$ 以上，麻痹而死亡。长期接触低浓度的硫化氢，出现神衰症候群等症状			
急救	眼接触：用水冲洗。皮肤接触：立即用水冲洗 吸入：将患者移至新鲜空气处，保持呼吸道畅通。呼吸困难时应输氧。呼吸停止者立即实行人工呼吸				
防护措施	工程措施：严加密闭，提供局部排风和全面排风 个体防护：空气中浓度超标时，必须佩戴防护面具。紧急事态抢救逃生时，建议佩戴正压自给式呼吸器。应穿戴防护服，戴防化学手套 其他：工作现场禁止吸烟、进食和饮水。工作后，淋浴更衣。保持良好卫生习惯。进入罐或其他高浓度区作业需有人监护				
泄漏处理	发现泄漏，人员迅速撤离污染区至上风处，并隔离至气体散尽，切断火源。建议应急处理人员戴自给式呼吸器，穿一般消防防护服。切断气源，喷雾状水稀释、溶解，注意收集并处理废水，保持通风。漏气容器不能再用，且要经过技术处理以清除可能剩下的气体				

子情境1.3 识别环境因素

【任务描述】

任务如子情境1.1任务。要求如下：

① 识别出环境因素。

② 用调查表法进行环境因素识别。

【任务实施】

步骤一：选择确定要分析的活动、产品或服务。

步骤二：运用合适的方法识别环境因素，包括显在的和潜在的。

步骤三：确认识别的环境因素是否确实存在。

步骤四：环境因素的汇总与整理。

【任务评价】

学生测评表见表1-9。

表1-9 学生测评表

组别/姓名		班级		学号	
情境名称		日期			
子情境名称					
测评项目	测评标准	分值	组内评分 20%	组外评分 30%	教师评分 50%
确定活动、产品或服务	确定活动、产品、活动准确	10			
识别并确认环境要素	环境因素内容正确	20			
	环境因素描述准确	30			
调查表法	调查表内容完整	20			
	调查表设计合理	20			
合计		100			

【知识链接】

一、环境要素和环境影响

1. 环境因素

环境因素指一个组织的活动、产品或服务中能与环境发生相互作用的要素。重要环境因素是指具有或能够产生重大环境影响的环境要素。

① 要素是指具有或能够产生环境影响的环境因素。

② 要素只有和环境发生了“相互作用”才能成为环境因素。比如，装在密闭瓶子里的酒精，它是一种物质，当然是要素，但它并不是环境因素，而一旦打开瓶盖，酒精挥发与环

境发生了相互作用，就成为了环境要素。

③ 考虑环境因素时，还要注意，不论是过去、现在对环境造成影响的，还是将来潜在的影响都要给予关注。

2. 环境影响

环境影响是指全部或部分地由组织的活动、产品或服务给环境造成的任何有害或有益的变化。

3. 环境要素和环境影响的关系

环境因素和环境影响是一种因果关系。如工厂排放污水到水体，导致河里的鱼死亡。污水排放是环境因素，是成因，水体遭到污染，水质改变，生态环境发生变化是环境影响，是结果。环境因素与环境影响的关系见表1-10。

表1-10　环境因素与环境影响的关系

环境因素(原因)	环境影响(结果)
有机废气排放	污染大气
碱性废水排放	污染水体
化学品泄漏	污染土地
材料利用率提高	节约能源

二、环境因素识别的范围

环境因素识别的范围应包括企业“能够控制”和“能够施加影响”两类环境因素。

(1) 能够控制的环境因素　运用行政、经济、技术手段能进行管理和控制的环境因素(自身和相关方)。

(2) 可施加影响　能控制和可施加影响没有严格界线，影响很深则应控制，取决于组织的制约手段。

三、环境因素识别的内容

1. 一个过程

一个过程主要是指产品、活动和服务的整个生命周期过程。包括以下方面：①设计和开发；②制造过程；③包装和运输；④承包方、分包方和供方的环境表现（行为）及作法；⑤废物管理；⑥原材料和自然资源的获取和分配；⑦产品的分销、使用和报废；⑧野生环境和生物多样性。

2. 三种时态

(1) 过去　以往遗留的环境问题：

① 导致土地污染或建筑结构污染的不适当材料处理。

② 导致污染产生的低效率工艺（喷漆、设备清洗等）。

③ 含有危险物或潜在危险物的材料储存。

④ 遗弃的地下储罐或其他废弃物。

⑤ 不再生产的产品部件。

⑥ 前业主或前物主的活动、产品或服务的遗留物。如泄漏事件造成土地污染。

(2) 现在　目前的工作和活动发生的，并持续到未来的环境问题。如清洗工位甲苯的排放。

(3) 将来　按照目前知识可以预见的对将来可能带来的环境影响（新材料的使用、工艺变化、产品服务、法律法规或其他要求的变化)。如新、改、扩建项目中涉及的环境因素，以及对产品出厂、活动完成和服务提供后可能带来的环境因素影响加以关注。

3. 三种状态

(1) 正常 固定、例行且计划中的作业、活动、产品或服务。如产品、副产品、废弃物、能资源的消耗、噪声、气体挥发等

(2) 异常 非例行性作业。产品、活动、服务等处于不规则的情况或状态。可能是计划内的活动(如保养)。如机器设备的开机、停机、检修；小规模的跑冒滴漏、维修保养、遗漏、弃用、小故障造成泄漏等方面。

(3) 紧急 可能或已经发生的紧急事件，指非计划的，危害性危险物发生泄漏、爆裂、火灾、爆炸、异常燃烧等。

4. 六个方面

① 大气排放：以粉尘、烟尘、有毒有害气体等污染形式排入大气。方式：点排和无组织排放。

② 水体排放：工业、农业、生活污水的排放以及固废倾倒等对天然水体的污染和破坏。方式：点源污染、面源污染。

③ 固体废物：工业废物、生活、办公废物的存放与处置，特别是危险废物的产生、存放、运输和处置。

④ 土地污染：废水排放、农药、化肥使用、固体废物的堆放。

⑤ 原材料和自然资源使用：能源、原材料的消耗、浪费，特别是不可再生物质。

⑥ 社区问题和其他地方性环境问题：噪声、酸雨、草原荒漠、水资源短缺、沙尘暴等。

四、环境因素的描述方法

环境因素的表达方式通常应是："名词＋动词"。

①"名词"是指污染物质或污染因子，动词常常用排放、处置、泄露、遗弃等。如废水、废气的排放，固体废弃物的产生，危险品的处置等。

②"名词"是能源、资源，"动词"是浪费、消耗、利用等。如水、电、气的浪费、消耗，各种生产、生活物料使用的消耗等。

③"名词"是指环境的友好物质，"动词"常用破坏、砍伐、捕杀、猎杀、挖掘、盗掘，通常是一种破坏行为。如植物的破坏、树木的砍伐、古迹的破坏等。

环境因素描述示例见表1-11。

表1-11 环境因素描述示例

活动/产品/服务	环境因素	环境影响
氯乙烯聚合生产PVC(活动、正常)	氯乙烯废气排放	污染大气
安全阀起跳(活动、正常)	噪声排放	影响人员健康
空调器使用(产品、正常)	氟利昂泄漏	破坏臭氧层
液氯钢瓶泄漏	氯气排放	人员中毒、财产损失、污染大气

五、环境因素识别方法—调查表法

环境因素调查表是环境因素识别常用的主要工具，这种方法适用于生产及污染型工业企业。调查表的设计全面考虑了组织活动、产品、服务中可能涉及的各方面的环境因素，考虑了过去、现在、将来三种时态及正常、异常、紧急三种状态，可有效保证企业不会遗漏环境

因素。环境因素识别前，应将环境因素识别表的填写方法、填写要求向被调查人介绍清楚，必要时进行专门培训。表格填写完成后，由评审人员收集并进行统计分析，以识别环境因素。各部门依据各自的活动情况完成调查表。

1. 调查表的主要内容

(1) 污染物常规排放　各部门按生产工艺流程填报各自活动、产品、服务中的废水、废气、噪声排放情况及其排放量、排放频率、排放去向、监测值及现有的治理设施。

(2) 固体废弃物管理　要求相关部门填报固废的产生情况，包括废弃物性质、排放量以及处置现状，是否回收利用、有无回收价值。

(3) 主要资源消耗　资源包括水、原材料、矿产资源、海洋资源、生物资源等。如：水资源消耗注明用水来源、日消耗水量、可循环利用率；纸张消耗填写月消耗量及可节约的措施等。

(4) 能源消耗　包括电、煤、油、气等，各部门按不同种类的不同用途填写年月日消耗量。

(5) 泄漏情况　调查各部门可能发生的化学品、有害原料、油料等泄漏情况、泄漏种类、地点、原因、频率、泄漏量、去向、可采取的措施等。

(6) 安全隐患　考虑有无火灾、爆炸隐患、危险物的溢出和污染物事故排放造成的环境事故、人身伤亡事故等。

(7) 生态环境影响　包括过去遗留下来的生态环境问题和组织运营过程中可能产生的生态影响。

(8) 相关方环境影响调查　相关方包括工程合同方、分供方、废品收购方、公众、投诉方等，评价出可重点施加影响或一般施加影响或暂不施加影响的相关方。

2. 调查表设计

调查表的优点是考虑较为全面，信息量大，对新建立体系的部门能起到很重要的引导作用。缺点是专业性较强，汇总工作量较大。企业根据自身情况可以设计通用式调查表，也可以设置分列式调查表，如表1-12为通用式调查表。

表1-12　环境因素调查表

<table>
<tr><th rowspan="4">序号</th><th rowspan="4">岗位</th><th rowspan="4">活动产品服务</th><th rowspan="4">环境因素</th><th rowspan="4">主要物质组分</th><th rowspan="4">状态</th><th rowspan="4">废弃物性质</th><th colspan="20">环境影响</th><th rowspan="4">频率</th><th rowspan="4">强度</th><th rowspan="4">排放量</th><th rowspan="4">去向</th></tr>
<tr><th colspan="4">地球环境问题</th><th colspan="14">地域环境问题</th><th colspan="2">其他</th></tr>
<tr><th rowspan="2">地球温室效应</th><th rowspan="2">臭氧层破坏</th><th rowspan="2">酸雨</th><th rowspan="2">海洋污染</th><th colspan="4">大气污染</th><th rowspan="2">水体污染</th><th rowspan="2">废弃物</th><th rowspan="2">噪声</th><th rowspan="2">恶臭</th><th rowspan="2">振动</th><th rowspan="2">放射物质</th><th rowspan="2">电离辐</th><th rowspan="2">自然资源浪费</th><th rowspan="2">土壤污染</th><th rowspan="2">危险废物转移</th><th rowspan="2">健康降低</th><th rowspan="2">生态破坏</th></tr>
<tr><th>SO_2</th><th>NO_x</th><th>烟尘</th><th>其他</th></tr>
<tr><td></td><td></td><td></td><td></td><td></td><td></td><td></td><td></td><td></td><td></td><td></td><td></td><td></td><td></td><td></td><td></td><td></td><td></td><td></td><td></td><td></td><td></td><td></td><td></td><td></td><td></td><td></td><td></td><td></td><td></td><td></td></tr>
</table>

情境 2

评价风险

【学习目标】

1. 掌握作业条件危险性评价法评价风险。
2. 掌握危险性预分析法。
3. 了解故障类型影响分析法。
4. 了解危险与可操作性分析（HAZOP）分析方法。
5. 掌握矩阵法。

【能力目标】

1. 会用作业条件危险性评价法评价风险。
2. 会用危险性预分析法评价风险。
3. 会用故障类型影响分析法评价风险。
4. 会用危险与可操作性分析（HAZOP）分析方法评价风险。
5. 会用矩阵法评价风险。

【概论】

风险评价是对所有已预测到的风险，从其发生的可能性和后果的严重性两方面综合考虑，评价风险大小，确定组织是否可承受。对一系列存在于不同作业或工艺过程、工作场所中的风险，需根据其风险程度，分轻重缓急削减和控制。发生的可能性由对危害因素进行控制的各种管理措施、技术措施、操作人员的意识、心理和生理素质、技能、工作频次决定，后果严重度由危害因素的各种物理量如质量、温度、压力、体积等决定。一般来说，下列风险均为不可承受风险：

① 凡违反了国家法规、标准而存在的缺陷所导致的风险；

② 凡同类装置或类似活动过程历史上发生过事故，本单位存在同样或类似缺陷，由此导致的风险；

③ 凡本单位历史上发生过事故，但目前缺乏相应的削减和控制措施，由此导致的风险；

④ 不存在上述情况，但结合生产经营实际，通过运用系统风险评价方法综合考评，确定活动过程的某一风险超出 预定界限，此风险即为不可承受风险，也称重大风险。

子情境 2.1　作业条件危险性评价法

任务如子情境 1.1。

要求：用作业条件危险法评价法对该加热炉进行风险评价。

【任务实施】

步骤一：辨识危险源。

步骤二：判别“发生事故或危险事件的可能性”数值。

步骤三：判别“暴露于这种危险环境的情况”数值。

步骤四：判别“事故一旦发生可能产生的后果”数值。

步骤五：计算危险性分数值。

【任务评价】

学生测评表见表 2-1。

表 2-1　学生测评表

组别/姓名		班级		学号	
情境名称		日期			
子情境名称					
测评项目	测评标准	分值	组内评分 20%	组外评分 30%	教师评分 50%
辨识危险源	危险源辨识正确	25			
判别“发生事故或危险事件的可能性”数值	可能性数值准确	15			
判别“暴露于这种危险环境的情况”数值	“暴露于这种危险环境的情况”数值准确	15			
判别“事故一旦发生可能产生的后果”数值	“事故一旦发生可能产生的后果”数值准确	15			
计算危险性分数值	危险性分数值准确，判别结果正确	30			
合计		100			

【知识链接】

一、定义

作业条件危险性评价法是一种评价操作人员在具有潜在危险性环境中作业时的危险性的半定量的评价方法，此法简单易行。它是用和系统风险有关的三种因素指标值之积来评价操作人员伤亡风险大小的一种方法，它是由美国的格雷厄姆（K. J. Graham）和金尼（G. F. Kinnly）提出的。

对于一个具有潜在危险性的作业条件，影响危险性的主要因素有以下 3 个：

① 发生事故或危险事件的可能性；

② 暴露于这种危险环境的情况；

③ 事故一旦发生可能产生的后果。

二、作业条件危险性评价法

用公式表示：

$$D=LEC$$

式中 D——作业条件的危险性；

L——事故或危险事件发生的可能性；

E——暴露于危险环境的频率；

C——发生事故或危险事件的可能结果。

用L、E、C三种因素的乘积$D=LEC$来评价作业条件的危险性。根据实际经验，给出三个因素在不同情况下的分数值，采取对所评价对象进行“打分”的办法，计算出危险性分数值，对照危险程度等级表将其危险性进行分级，各因素的值分别见表2-2～表2-4。

表2-2 事故发生可能性分值 L

分数值	事故发生可能性分值	分数值	事故发生可能性分值
10	完全会被预料到	0.5	可以设想，很不可能
6	相当可能	0.2	极不可能
3	可能，但不经常	0.1	实际不可能
1	完全意外、很少可能		

表2-3 暴露于危险环境中的频繁程度分值 E

分数值	暴露于危险环境中的频繁程度	分数值	暴露于危险环境中的频繁程度
10	连续暴露	2	每月暴露一次
6	每天工作时间暴露	1	每年几次暴露
3	每周一次或偶然暴露	0.5	非常罕见的暴露

表2-4 事故造成的后果分值 C

分数值	事故造成的后果	分数值	事故造成的后果
100	十人以上死亡	7	严重伤残
40	数人死亡	3	有伤残
15	一人死亡	1	轻伤需救护

D值越大，作业条件的危险性越大。危险性等级划分见表2-5。

表2-5 危险性等级划分标准 D

危险性分值 D	危险程度	危险性分值 D	危险程度
≥320	极度危险	≥20～70	可能危险
≥160～320	高度危险	<20	稍有危险
≥70～120	显著危险		

三、作业条件危险性评价法实例

一个装置在大修中，经常会有给反应器装卸催化剂的项目。应用作业条件危险性评价的方法对该项目进行评价，会得出如下结论。

① 事故发生可能性（L）取值：由于此项作业需要人员进入反应器内作业，反应器内高温缺氧，并且可能会有有毒气体，另外，反应器内光线不足，有造成作业人员窒息、中毒的可能性，但是不会经常发生，所以L应取3。

② 人员暴露于危险环境的频繁程度（E）取值：作业人员每天在工作的时间内会暴露于此环境中，所以E取6。

③ 发生事故可能造成的后果（C）取值：如果发生事故，会造成非常严重的后果，窒息或中毒均有可能造成人员死亡，所以 C 可以取 15。

综上所述，此项作业的危险程度 $D=LEC=3\times6\times15=270$。

危险性分值 $D=270$，处于 160～320 之间，其危险等级属于“高度危险，需立即整改”的范畴。

因此，对于此项作业，必须做出详细的作业计划，落实好各项防范措施。如作业中给反应器强制通风、增强照明，改善作业环境；作业人员系好安全带，佩戴正压空气呼吸器等个体防护用品；定时轮换作业人员，减少在危险环境中的暴露时间；在反应器内设置摄像头与对讲系统，做好监控措施；气防工作人员到现场做好应急救援准备。通过采取上述措施可以大大减少此项作业中的危险性，确保此项工作安全进行。

子情境 2.2　危险性预分析法

【任务描述】

某单位对无水氟化氢生产系统中的成品储存包装单元预先危险性分析的结果。该单元是将制得的纯品无水氟化氢经冷凝器冷凝后储存在储罐内，为保持氟化氢呈液体状态，储罐外面装有夹层，通过循环冷冻盐水降温。储罐内的氟化氢需要时通过管道充装到气瓶内。瓶内充装液体的量用磅秤计量。

要求：用危险性预分析法对该无水氟化氢生产系统中的成品储存包装单元进行风险评价。

【任务实施】

步骤一：确定危险源（经验判断、技术诊断或其他方法）。

步骤二：查找能够造成系统故障、物质损失和人员伤亡的危险性，分析事故的可能类型（依据经验及同行类比）。

步骤三：对确定的危险源分类，制成预先危险性分析表。

【任务评价】

学生测评表见表 2-6。

表 2-6　学生测评表

组别/姓名		班级		学号	
情境名称		日期			
子情境名称					

测评项目	测评标准	分值	组内评分 20%	组外评分 30%	教师评分 50%
辨识危险源	危险源辨识正确	20			
确定事故类型	事故类型确定准确	10			
编制预先危险性分析表	表格设计合理	10			
	表格项目齐全	10			
	表格内容填写正确	30			
确定危害等级	危害等级确定正确	10			
制定安全对策	安全对策措施正确	10			
合计		100			

【知识链接】

一、概念及目的

预先危险性分析（Preliminary Hazard Analysis，PHA）主要运用于危险物质和装置的主要工艺区域等进行分析，该法也称为初步危险分析。该方法常常用于评价建设项目、装置等开发初期阶段的物料、工艺过程以及能量失控时可能出现的危险性类别、条件及可能造成的后果，为进一步初步分析提供依据。

运用预先危险性分析的目的主要是辨识系统中潜在的危险、有害因素，确定其危险等级，并制定相应的安全对策措施，防止事故发生。

二、预先危险性分析可解决的问题

① 大体识别与系统有关的主要危险、有害因素。

② 分析、判断危险、有害因素引发事故的原因。

③ 评价事故后果，包括对人员、系统产生的影响，可能的损失、破坏情况。

④ 确定危险、有害因素的危险性等级。

⑤ 提出消除或控制危险、有害因素的安全对策措施。

三、分析步骤

① 危害辨识。通过经验判断、技术诊断等方法，查找系统中存在的危险、有害因素。辨识依据主要包括物料性质、生产工艺、设备和设施、工作环境、操作规程和管理制度等。

② 确定可能事故类型。根据过去的经验教训，分析危险、有害因素对系统的影响，分析事故的可能类型。

③ 针对已确定的危险、有害因素，制定预先危险性分析表。

④ 确定危险、有害因素的危害等级，按危害等级排定次序，以便按计划处理。

⑤ 制定预防事故发生的安全对策措施。

四、预先危险性分析的等级划分

为了评判危险、有害因素的危害等级以及它们对系统破坏性的影响大小，预先危险性分析法给出了各类危险性的划分标准。该法将危险性划分为 4 个等级，见表 2-7。

表 2-7　预先危险性分析的等级划分

级别	危险程度	可能导致的后果
Ⅰ	安全的	不会造成人员伤亡以及系统损坏
Ⅱ	临界的	处于事故的边缘状态，暂时不至于造成人员伤亡、系统损坏或降低系统性能，但应该排除或采取控制
Ⅲ	危险的	会造成人员伤亡和系统损坏，要立即采取防范对策措施
Ⅳ	灾难性的	造成人员重大伤亡及系统严重损坏的灾难性事故，必须应该果断排除并进行早点防范

五、应注意的几个要点

（1）应考虑生产工艺的特点，列出其危险性和状态

① 原料、中间产品、衍生产品和成品的危害特性。

② 作业环境。

③ 设备、设施和装置。

④ 操作活动。

⑤ 系统之间的联系。

⑥ 各单元之间的联系。

⑦ 消防和其他安全设施。

(2) PHA分析过程中应考虑的因素

① 危险设备和物料，如燃料、高反应活动性物质、有毒物质、爆炸、高压系统、其他储运系统。

② 设备与物料之间与安全有关的隔离装置，如物料的相互作用、火灾、爆炸的产生和发展、控制、停车系统。

③ 影响设备与物料的环境因素，如地震、洪水、振动、静电、湿度等。

④ 操作、测试、维修以及紧急处置规定。

⑤ 辅助设施，如储槽、测试设备等。

⑥ 与安全有关的设备、设施，如调节系统、备用设备等。

六、方法示例

以热水锅炉为例进行危险性预分析，见表2-8。

表2-8 热水锅炉危险性预分析

序号	危险	触发事件	现象	形成事故的原因事件	危害事件	结果	等级	措施
1	水压高	燃气连续燃烧	有气泡	安全阀不动作	爆炸	伤亡损失	Ⅲ	装爆破片，定期检查安全阀
2	水温高	燃气连续燃烧	有气泡	安全阀不动作	水过热	烫伤	Ⅱ	装爆破片，定期检查安全阀
3	燃气	火嘴熄灭，煤气线开，煤气泄漏	燃气漏失	火花	燃气爆炸	伤亡损失	Ⅲ	火源和燃气线装联锁，定期检查通风、气体检测器
4	燃烧不完全	排气口关闭	CO充满	人在室内	CO中毒	伤亡	Ⅲ	定期检查一氧化碳检测器、通风设施
5	火嘴着火	附近有可燃物	火嘴附近着火	火嘴引燃	火灾	伤亡损失	Ⅲ	火嘴附近为耐火构造、定期检查
6	排气口高温	排气口关闭	排气口附近着火	火嘴连续燃烧	火灾	伤亡损失	Ⅲ	排气口装联锁

子情境2.3 故障类型影响分析法

【任务描述】

任务如子情境1.1。

要求：用故障类型影响分析法对该加热炉进行风险评价。

【任务实施】

步骤一：确定故障类型影响分析法的分析项目、边界条件（包括确定装置和系统的分析主题、其他过程和公共/支持系统的界面）。

步骤二：标识设备，设备的标识符是唯一的，它与设备图纸、过程或位置有关。

步骤三：说明设备，包括设备的型号、位置、操作要求以及影响失效模式和后果特征（如高温、高压、腐蚀）。

步骤四：分析失效模式。相对设备的正常操作条件，考虑如果改变设备的正常操作条件后所有可能导致的故障情况。

步骤五：说明对发现的每个失效模式本身所在设备的直接后果以及对其他设备可能产生的后果，以及现有安全控制措施。

步骤六：进行风险评估、建议控制措施。

【任务评价】

学生测评表见表 2-9。

表 2-9　学生测评表

组别/姓名			班级		学号	
情境名称			日期			
子情境名称						
测评项目		测评标准	分值	组内评分 20%	组外评分 30%	教师评分 50%
故障类型		故障类型描述完整、准确	10			
危害事件		危害事件描述正确	10			
F1～F5 分值判定		F1～F5 分值判定准确	50			
故障等级		故障等级判别正确	10			
设备故障分析评价表		设计合理	10			
		项目齐全	10			
合计			100			

【知识链接】

一、故障

故障一般是指元件、子系统、系统在规定的运行时间、条件内，达不到设计规定的功能的一种状态。

二、故障类型

系统、子系统或元件发生的每一种故障的形式称为故障类型。例如，一个阀门故障可以有 4 种故障类型：内漏、外漏、打不开、关不严。常见故障类型见表 2-10。

表 2-10　故障类型分类表

故 障 类 型		原件发生故障的原因
各类故障粗分 ①运行过程中的故障 ②过早的启动 ③规定的时间不能启动 ④规定的时间内不能停车 ⑤运行能力降级、超量或受阻	各类故障细分 ①构造方面的故障、物理性卡紧、振动、不能定位、不能打开、不能关闭 ②打开时故障、关闭时故障 ③内部泄漏、外部泄漏 ④高于允许偏差、低于允许偏差 ⑤反向动作、间歇动作、误动作、误指示 ⑥流向偏向一侧、传动不良、停不下来 ⑦不能启动、不能切换、过早启动、动作滞后 ⑧输入量过大、输入量过小、输出量过大、输出量过小 ⑨电路短路、电路开路 ⑩漏电、其他	①实际上的缺陷(由于设计上的技术先天不足,或者图纸不完善等) ②制造上的缺点(加工方法不当或组装方面的失误) ③质量管理上的缺点(检验不够或失误,以及管理不当) ④维修方面的缺点(维修操作失误或检修程序不当)

三、故障模式

故障模式是从不同表现形态来描述故障的，是故障现象的一种表征。

① 容器的故障模式有：泄漏、不能降温、加热、断热、冷却过分等。

② 热交换器、配管类的故障模式有：堵塞、流路过大、泄漏、变形、振动等。

③ 阀门、流量调节装置的故障模式有：不能开启或不能闭合、开关错误、泄漏、堵塞、破损等。

④ 电力设备的故障模式有：电阻变化、放电、接地不良、短路、漏电、断开等。

⑤ 计测装置的故障模式有：信号异常、劣化、示值不准、损坏等。

⑥ 支承结构的故障模式有：变形、松动、缺损、脱落等。齿轮的故障模式有：断裂、压坏、熔触、烧结、磨耗（损坏等）。

⑦ 滚动轴承的故障模式有：滚动体轧碎、磨损、压坏、腐蚀、烧结、裂纹、保持架损坏等。

⑧ 滑动轴承的故障模式有：腐蚀、变形、疲劳、磨损、胶合、破裂等。

⑨ 电动机的故障模式有： 磨损、变形、发热、腐蚀、绝缘破坏等。

四、故障等级

根据故障类型对系统或子系统影响程度的不同而划分的等级称为故障等级。故障类型分级见表 2-11。

表 2-11 故障类型分级

故障等级	影响程度	可能造成的危害或损失
Ⅰ级	致命性	可能造成死亡或系统损失
Ⅱ级	严重性	可能造成严重伤害，严重职业病或主系统损坏
Ⅲ级	临界性	可造成轻伤、轻职业病或次要系统损坏
Ⅳ级	可忽略性	不会造成伤害和职业病，系统也不会受损

五、故障类型及影响分析方法

故障类型及影响分析方法从 5 个方面来考虑故障对系统的影响程度，5 个方面分别用点数表示风险程度的大小，通过计算，求出故障等级

$$CE=F_1F_2F_3F_4F_5$$

式中 CE——致命度点数；

F_1——故障或事故对人影响大小；

F_2——对系统、子系统、单元造成的影响；

F_3——故障或事故发生的频率；

F_4——防止故障或事故的难易程度；

F_5——是否为新技术、新设计或对系统熟悉程度。

1. $F_1 \sim F_5$ 分值

$F_1 \sim F_5$ 的分值依据表 2-12 判定。

表 2-12 $F_1 \sim F_5$ 分值表

项目符号	项目内容	内容	系数
F_1	故障或事故对人影响大小	造成生命损失	5.0
		造成严重损失	3.0
		一定功能损失	1.0
		无功能损失	0.5

续表

项目符号	项目内容	内容	系数
F_2	对装置(系统、子系统、单元)造成影响大小	对系统造成两处以上重大影响	2.0
		对系统造成一处以上重大影响	1.0
		对系统无大的影响	0.5
F_3	故障或事故发生频率	易于发生	1.5
		可能发生	1.0
		不太可能发生	0.7
F_4	防止故障或事故的难易程度	不能防止	1.3
		能够预防	1.0
		易于预防	0.7
F_5	是否新设计(技术)及熟悉程度	相当新设计(新技术)或不够熟悉	1.2
		类似的设计(技术)或比较熟悉	1.0
		同样的设计(技术)或相当熟悉	0.8

2. 评价点数与故障或事故等级

评价点数与故障等级划分见表2-13。

表2-13 评价点数与故障等级表

风险等级	评价点数 CE	故障或事故等级	内容
不可容许风险	>7	Ⅰ致命的	人员伤亡,系统任务不能完成
重大风险(公司级)	$6 \leqslant CE \leqslant 7$	Ⅱ重大的	大部分任务不能完成
重大风险(车间级)	$4 < CE < 6$		
一般的	$2 < CE \leqslant 4$	Ⅲ小的	部分任务不能完成
	$CE \leqslant 2$	Ⅳ轻微的	无影响

① 在评价过程中,设备设施按照功能往下划分,最终细分的程度到元件或部件为止。

② 对于功能相同,结构和型号相同或相似,压力、温度等操作参数相同或相似,介质相同或相似的设备设施可以合并,一类只分析一个,但必须说明清楚。

3. 故障类型及影响分析法表格设计

故障类型及影响分析法表格设计见表2-14。

表2-14 故障类型及影响分析法

系统	子系统	部位	故障类型	运行阶段	危害事件	F_1	F_2	F_3	F_4	F_5	CE	故障检测方法	故障等级	风险削减措施		备注
														目前已有措施	需要增补措施	

六、故障类型及影响分析法应用实例

使用故障类型及影响分析法对机泵进行风险评价见表2-15。

表 2-15　设备故障分析评价表

系统	子系统	部位	故障类型	运行阶段	危害事件	F_1	F_2	F_3	F_4	F_5	CE	故障检测方法	故障等级	风险削减措施		备注
														目前已有措施	需要增补措施	
机泵	电机	防护罩	脱落	异常	机械伤害	3.0	1.0	1.0	1.0	0.8	2.4	目测	一般	防护罩紧固		
		电机本体	超温	正常	泵损坏	1.0	1.0	1.0	1.0	0.8	0.8	测温	轻微	加注润滑油		
			振动	正常	泵损坏	1.0	1.0	1.0	1.0	0.8	0.8	测振动值	轻微	装配良好		
	泵体	联轴器	飞出	异常	设备损坏	3.0	2.0	1.0	1.0	0.8	4.8	目测	重大	检修机泵后对中	机泵检修后检查联轴器的安装	
			松动	异常	设备损坏	1.0	1.0	1.0	1.0	0.8	0.8	听声音	轻微			
		泵壳	泄漏	正常	火灾爆炸	2.0	1.0	1.0	1.0	0.8	1.6	目测	轻微	检修后把紧螺栓		介质易燃
			螺栓飞出	正常	设备故障	3.0	1.0	1.0	1.0	0.8	2.4	目测	一般		检查使用相同类型的螺栓	

子情境 2.4　危险与可操作性分析（HAZOP）分析方法

【任务描述】

一台 1000m³ 的液化气球罐，正常操作温度是环境温度，正常操作压力 0.4MPa，设计压力 0.65MPa，罐顶有一个安全阀，起跳压力 0.6MPa，排放管直排大气。该罐进料线阀门是远程紧急切断阀，设有高液位报警，球罐罐体有消防水喷淋，罐底有可燃气检测仪，该罐还设有一个加热器以维持罐内压力，罐底设有切水线，为双阀控制。该罐通过一个罐底输送泵把液态的液化气输送经过一个蒸汽加热器汽化后，供装置内的加热炉做燃料，如图 2-1 所示。

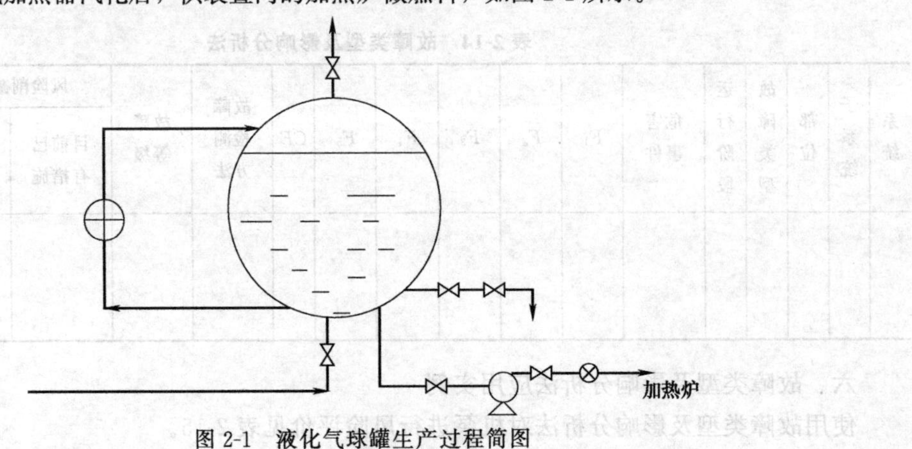

图 2-1　液化气球罐生产过程简图

要求：用 HAZOP 分析方法进行风险评价。

【任务实施】

步骤一：划分节点。

步骤二：解释工艺指标或操作步骤。

步骤三：结合具体的分析设备确定出有实际意义的分析偏差。

步骤四：分析偏差后果。

步骤五：列出偏差的可能原因。

步骤六：编制 HAZOP 分析记录表。

【任务评价】

学生测评表见表 2-16。

表 2-16　学生测评表

组别/姓名		班级			学号
情境名称		日期			
子情境名称					
测评项目	测评标准	分值	组内评分 20%	组外评分 30%	教师评分 50%
节点划分	节点划分合理、准确	30			
偏差	偏差描述准确	10			
	偏差产生原因准确	10			
	偏差产生后果准确	10			
HAZOP 分析表	表格设计合理	20			
	表格项目完整	10			
风险控制	风险消减措施合理有效	10			
合计		100			

【知识链接】

一、HAZOP 分析方法的概念

HAZOP 分析方法是英国帝国化学工业公司（ICI）为解决除草剂制造过程中的危害，于 1964 年发展起来的一套以引导词（Guide Words）为主体的危害分析方法，用来检查设计的安全以及危害的因果来源。1974 年，该方法正式对外发表。

HAZOP 分析方法是通过系统分析新设计或已有工厂的生产工艺流程和工艺功能，来评价设备、装置的个别部位因误操作或机械故障而引起的潜在危险，并评价其对整个工厂的影响。特别适合于化学工业系统的风险评价。

HAZOP 分析的目的是系统、详细地对工艺过程和操作进行检查，以确定过程的偏差是否导致不希望的后果。该方法可用于连续或间歇过程，还可以对拟订的操作规程进行分析。HAZOP 分析组将列出引起偏差的原因、后果，以及针对这些偏差及后果已使用的安全装置，当分析组确信对这些偏差的保护措施不当时，将提出相应的改进措施。

二、术语

① 分析节点：指具有确定边界的设备单元，对单元内工艺参数的偏差进行分析。

② 操作步骤：间隙过程的不连续动作；可能是手动、自动或计算机自动控制的操作。

③ 引导词：用于定性或定量设计工艺指标的简单词语。

④ 工艺参数：与过程有关的物理和化学特性。

⑤ 工艺指标：确定装置如何按照希望的操作而不发生偏差。

⑥ 偏差：分析组使用引导词系统地对每个分析节点的工艺参数进行分析发现的系列偏离工艺指标的情况；偏差的形式通常是“引导词＋工艺参数”。

⑦ 原因：发生偏差的原因。

⑧ 后果：偏差所造成的结果。

⑨ 安全措施：工程系统或调节控制系统。

⑩ 补充措施：修改设计、操作规程，或者进一步进行分析研究的建议。

三、HAZOP 分析引导词及其意义

引导词是用于定性或定量设计工艺指标的简单词语，引导识别工艺过程的危险。HAZOP 分析引导词及其意义见表 2-17。

表 2-17　HAZOP 分析引导词及其意义

引导词	意义	备注
NONE(空白)	完全实现不了设计或操作标准规定的要求	如没有物料输入(无流量),无压力显示、无催化剂等
MORE(过量/更)	出现设计标准值数量增大或提前到达	如同标准相比数值偏大,如高温、高压、高液位等
LESS(减量/少)	出现设计标准值数量减少或滞后到达	如同标准相比数值偏小,如流量低、温度低等
AS WELL AS (伴随/也/而且)	在完成既定功能的同时,伴随其他多余发生	如组分掺入杂质,如配制时混入其他原料等
PART OF (部分)	只完成既定功能的一部分,如组分的比例发生变化	如温度、压力、流量比规定值要小等
REVESE(相逆)	出现和设计要求相反的事件	如反向流动、加热而不是冷却等
OTHER (异常)	出现和设计要求不相同的事和物	如破裂、腐蚀或磨蚀等

四、常用 HAZOP 分析工艺参数

工艺参数：与过程有关的物理和化学特性，包括概念性的项目如反应、混合、浓度、pH 值及具体项目如温度、压力、相数及流量等，见表 2-18。

表 2-18　常用工艺参数

流量　时间　频率　混合 温度　pH 值　电压　分离	压力　组成　黏度　添加剂 液位　速度　信号　反应

五、偏差的构成

偏差：分析组使用引导词系统地对每个分析节点的工艺参数（如流量、压力等）进行分析发现的系列偏离工艺指标的情况。偏差的形式通常是“引导词＋工艺参数＝偏差”，见表 2-19。

表 2-19　偏差构成

引导词	工艺参数	偏　差
NONE(空白)	FLOW(流量)	NONE FLOW(无流量)
MORE(过量)	PRESSURE(压力)	HIGH PRESSURE(压力高)
AS WELL AS(伴随)	ONE PHASE(一相)	TWO PHASE(两相)
OTHER THAN(异常)	OPERATION(操作)	MAINTENANCE(维修)

六、HAZOP 常见节点类型

HAZOP 分析中常见的节点类型见表 2-20。

表 2-20　HAZOP 分析中常见节点类型

序号	节点类型	序号	节点类型	序号	节点类型	序号	节点类型
1	管线	5	联系反应器	9	熔炉、炉子	13	作业详细分析
2	泵	6	塔	10	热交换器	14	公用工程设施
3	间歇反应器	7	压缩机	11	软管	15	其他
4	罐/槽/容器	8	鼓风机	12	步骤	16	以上节点的组合

七、HAZOP 分析记录表

HAZOP 分析记录表常用格式如图 2-2 所示。

HAZOP分析记录表

分析人员:　　　　**图纸号:**

会议日期:　　　　**版本号:**

序号	偏差	原因	后果	安全保护	建议措施
分析节点或操作步骤说明,确定设计工艺指标					

图 2-2　HAZOP 分析记录表

八、HAZOP 分析实例

甲酰胺放空气甲烷值低、$CO+H_2$ 含量高，可替代半水煤气用于合成液氨。其工艺流程如图 2-3 所示。

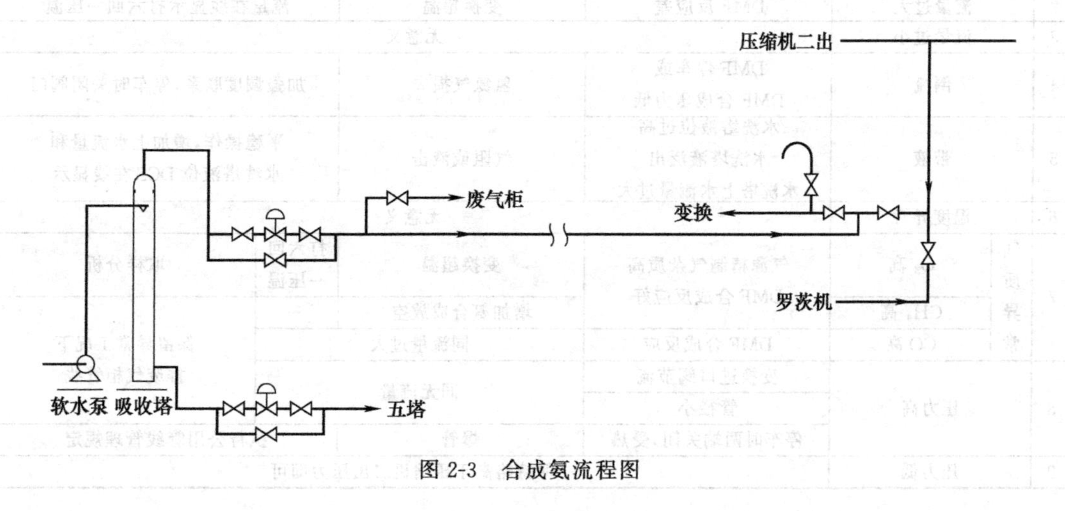

图 2-3　合成氨流程图

1. 工艺指标的制定

工艺指标的制定见表2-21。

表2-21 工艺指标

压力	变换侧进口≥0.85MPa
流量	≤200～1000m³/h(标准状态下)
温度	常温
气质	CH_4≤4%、O_2≤4%、DMA≤0.1%

2. 节点的划分

节点的划分如图2-4所示。

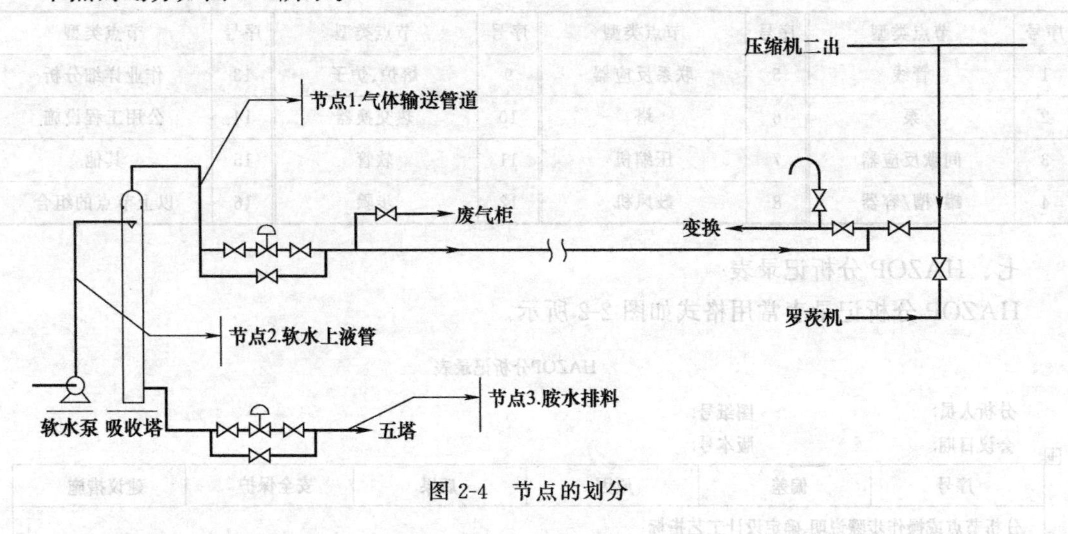

图2-4 节点的划分

3. 各节点HAZOP分析

节点1、2、3的HAZOP分析如表2-22(a)、表2-22(b)和表2-22(c)所示。

表2-22(a) 节点1 HAZOP分析表

<table>
<tr><td colspan="3">节点1</td><td colspan="4">××放空自调出口至变换进口管线</td></tr>
<tr><td></td><td colspan="2">偏差</td><td>原因</td><td colspan="2">后果</td><td>建议措施</td></tr>
<tr><td>1</td><td colspan="2">无流量</td><td>阀门卡塞</td><td colspan="2">DMF合成憋压</td><td>流量在线显示、现场压力表</td></tr>
<tr><td>2</td><td colspan="2">流量过大</td><td>DMF反应差</td><td colspan="2">变换超温</td><td>流量在线显示打六回一压温</td></tr>
<tr><td>3</td><td colspan="2">流量过小</td><td colspan="4">无意义</td></tr>
<tr><td>4</td><td colspan="2">倒流</td><td>DMF停车或
DMF合成压力低</td><td colspan="2">氢氮气损失</td><td>加强调度联系,停车时关闭阀门</td></tr>
<tr><td>5</td><td colspan="2">带液</td><td>水洗塔液位过高
水洗塔液泛出
水洗塔上水流量过大</td><td colspan="2">气阻或液击</td><td>平稳操作,增加上水流量和
水洗塔液位DCS在线显示</td></tr>
<tr><td>6</td><td colspan="2">温度异常</td><td colspan="4">无意义</td></tr>
<tr><td rowspan="3">7</td><td rowspan="3">气质异常</td><td>O_2高</td><td rowspan="2">气源精制气杂质高
DMF合成反应好</td><td>变换超温</td><td>打六回
一压温</td><td rowspan="2">取样分析</td></tr>
<tr><td>CH_4高</td><td>增加氨合成放空</td><td>—</td></tr>
<tr><td>CO高</td><td>DMF合成反应</td><td colspan="2">同流量过大</td><td rowspan="3">保留异常工况下
排废气柜管线</td></tr>
<tr><td rowspan="3">8</td><td rowspan="3" colspan="2">压力高</td><td>变换进口阀节流</td><td rowspan="2" colspan="2">同无流量</td></tr>
<tr><td>管径小</td></tr>
<tr><td>停车时两端关闭,受热</td><td>爆管</td><td colspan="2">执行公用管线管理规定</td></tr>
<tr><td>9</td><td colspan="2">压力低</td><td colspan="4">保持略高于压缩机二出压力即可</td></tr>
</table>

表 2-22（b）　节点 2HAZOP 分析表

节点 2		水洗塔上水管			
	偏差	原因	后果	建议措施	
1	无流量	泵损坏或使用不当	带胺、DMF	同泵操作规程	流量在线显示
2	流量过大	塔压不稳定 操作失调	水洗塔带液 出塔胺水浓度低	平稳操作	
3	流量过小	阀门卡塞或开度小	气体洗涤效果差	定期取样 指导操作	
4	倒流	泵跳闸或损坏	气体窜入泵进口 低压水管	增设止逆阀和紧急切断阀	
5	温度高	进口水温高 泵自回流量过大	影响水洗效果 泵汽蚀	同泵操作规程	

表 2-22（c）　节点 3HAZOP 分析表

节点 3		水洗塔排水管（去一塔或五塔）		
	偏差	原因	后果	建议措施
1	无流量	排料阀门关	水洗塔液位过高	水洗塔液位在线显示
2	流量过大	排料大	水洗塔液位低	
3	流量过小	排料少	水洗塔液位过高	
4	倒流	压力不正常，五塔物料倒流	水洗塔液位过高窜料	增设止逆阀
5	窜气	液位低或无液位	气体窜入五塔系统	水洗塔液位在线显示
6	胺水浓度低	上液量太大	增加后处理量	定期分析
7	胺水浓度高	上液量太小	影响吸收效果 胺水温度高	定期分析
8	胺水温度高	上液量太小 入塔气体带胺量大	影响吸收效果 出塔胺水泵汽蚀	加强入塔控制气体带液

子情境 2.5　矩　阵　法

【任务描述】

如图 2-5 所示，在一个只有上部敞口的反应器内有 2 人焊接施工作业，该反应器高 10m，直径 3m，作业部位位于反应器内半空中。

要求：用矩阵法对该作业活动进行风险评价。

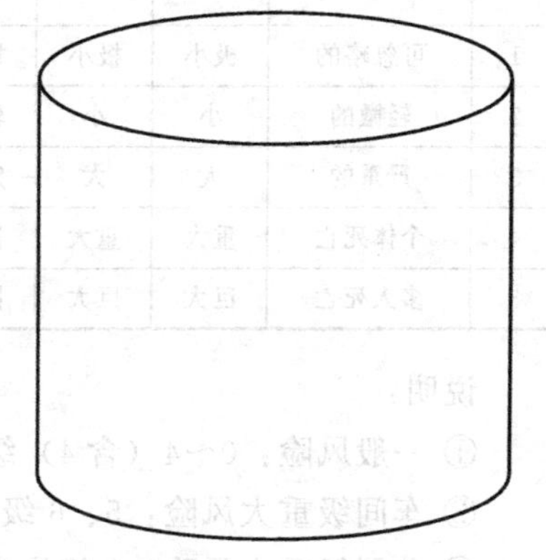

图 2-5　反应容器

【任务实施】

步骤一：确认活动过程。

步骤二：识别危害因素。

步骤三：确定危害事件。

步骤四：分析危害事件产生的原因。

步骤五：确定危害发生的可能性数值。

步骤六：确定危害后果严重性数值。

步骤七：判定风险类别。

【任务评价】

学生测评表见表2-23。

表2-23 学生测评表

组别/姓名			班级		学号	
情境名称			日期			
子情境名称						
测评项目	测评标准		分值	组内评分20%	组外评分30%	教师评分50%
活动过程	描述准确		15			
活动步骤	清晰完整		15			
确认危险源	准确的识别危险因素		10			
确定危害发生的可能性数值	危害发生的可能性数值判别正确		20			
确定危害后果严重性数值	危害后果严重性数值判别正确		20			
判定风险类别	风险类别确定准确		20			
合计			100			

【知识链接】

一、风险评价矩阵

矩阵法是从后果严重性和发生的可能性两个方面评价风险等级，见表2-24。

表2-24 风险评价矩阵

严重度	后果严重性				发生可能性					
	人	财物	环境	声誉	0	1	2	3	4	5
					从来没有发生过	本行业发生过	本单位历史上一次	本单位一个检修周期一次	本单位每年一次	本单位每年几次
1	可忽略的	极小	极小	极小	1	2	3	4		
2	轻微的	小	小	较小	2	3	4	5	6	7
3	严重的	大	大	一定范围	3	4	5	6	7	8
4	个体死亡	重大	重大	国内	4	5	6	7	8	9
5	多人死亡	巨大	巨大	国际	5	6	7	8	9	10

说明：

① 一般风险：0～4（含4）级为低度可承受风险。

② 车间级重大风险：5、6级为中度需关注风险。

③ 公司级重大风险：7级为高度需关注风险。

④ 不可容许风险：8～10级为不可容许风险。

对人的危害严重度取值说明见表2-25。

表2-25　对人的危害

严重度	影响程度	说　明
1	可忽略的	对健康没有任何伤害和损害
2	轻微伤害	对完成目前工作有影响，如某些行为不便或需要一周以内的休息才能恢复
3	严重的	导致某些工作能力的永久丧失或需要长期恢复才能恢复工作
4	单个死亡	单个死亡或永久性能力丧失，来自事故或职业病
5	多个死亡	多个死亡，源于事故或职业病

财产损失或浪费影响程度取值说明见表2-26。

表2-26　财产损失或浪费

严重度	影响程度	说　明
1	极小损失	经济损失或浪费在1000元以下
2	小型损失	经济损失或浪费在1000～10000元
3	大的损失	经济损失或浪费在10000～300000元
4	重大损失	经济损失或浪费在300000～5000000元
5	巨大损失	经济损失或浪费在5000000元以上

对环境影响程度取值见表2-27。

表2-27　环境影响

严重度	影响程度	说　明
1	极小影响	环境破坏限制在过程范围内
2	小影响	环境破坏在组织内部范围内
3	大的影响	环境破坏在组织所处的区域内
4	重大影响	环境破坏波及组织的周边地区
5	巨大影响	环境破坏影响到全国乃至全球

对名誉损失影响程度取值见表2-28。

表2-28　名誉损失

严重度	影响程度	说　明
1	极小影响	只是在涉及该过程的人员内部关注和议论
2	较小影响	在组织内部被通报和议论
3	一定范围	受到组织所在的区域媒体的报道和关注
4	国内范围	受到省级以上的媒体报道关注和议论
5	国际影响	受到国外媒体的报道关注和评论

二、风险矩阵表

1. 工艺分析评价汇总表

工艺分析评价汇总表见表2-29。

表 2-29 工艺分析评价汇总表

序号	活动过程	工艺偏差	危险因素	发生原因	影响及评价			风险削减措施		备注
					发生的可能性	后果的严重性	等级	目前已有	需增补	

2. 现场操作分析评价汇总表

现场操作分析评价汇总表见表 2-30。

表 2-30 现场操作分析评价汇总表

序号	活动过程	活动步骤	失常	危险因素	发生原因	影响及评价			风险削减措施		备注
						发生的可能性	后果的严重性	等级	目前已有	需增补	

情境3

控制风险

【学习目标】

1. 了解安全许可证使用的注意事项。
2. 了解安全许可证的填制方法。
3. 掌握安全工作许可证的工作程序。
4. 掌握上锁挂签的方法。
5. 掌握开停车的操作方法。
6. 掌握动火作业、临时用电作业许可证的填制方法。
7. 掌握高处作业的基本要求。
8. 掌握受限空间作业基本要求。
9. 掌握管线打开基本要求。

【能力目标】

1. 会使用安全许可证。
2. 能识别开停车的风险。
3. 能识别特种作业风险。
4. 会控制特种作业风险。

【概论】

企业生产经营的正常运行离不开完好的机器设备。设备在长期的运行和使用中，会出现磨损老化，失去原有的精度和效能，不仅增加了消耗，也带来了很多的危险。所以必须通过定期对设备的检修，维持设备的最佳状态，也减少发生危险的可能性。本情境选取了装置开停车、安全许可证、特种作业、上锁挂签等任务，通过这几个任务，让学生了解装置开停车的流程，掌握开停车过程存在风险掌握安全许可证的工作流程，明确各种特种作业的要求，掌握上锁挂签的使用方法。

子情境 3.1　作业许可证管理

【任务描述】

某石化公司进行罐内贴板补强工作（不考虑受限空间）。根据该案例，申请该项目需要办理的作业票，并正确填写。

本任务是：填制作业许可证。

【任务实施】

以小组为单位，每组 5 人，分工如下：作业申请人、作业申请负责人、作业批准人（车间设备负责人）、许可证签发人（设备员）和工艺员，其他人员由教师担任。

步骤一：申请。

作业申请人去车间设备员处领取与施工相关的作业许可证，并作出风险评估、提出安全措施。

步骤二：会议审核。

批准人组织申请人及相关人员集中对许可证中的安全措施、工作方法进行书面检查。

步骤三：实地考察。

在会议审核后，所有参加会议审核的人员均应到许可证上所涉及的区域实地检查确认各项措施的落实情况。

步骤四：审批。

会议审核和实地考察后，相关方共同签定许可证。

步骤五：作业完成。

作业完成后，申请人与批准人在现场验收合格，双方签字方可关闭作业许可证。

【任务评价】

课程考核评价表见表 3-1。

表 3-1　课程考核评价表

项目		考核指标		标准分数	扣分	得分
实施步骤	申请	领取许可证不合适	扣 5 分	25		
		风险评估不正确	扣 5 分			
		安全措施不完善	扣 5 分			
		许可证填写不正确	扣 10 分			
	会议审核	会议审核内容不全面	扣 10 分	20		
		未确认许可证期限及延期次数	扣 5 分			
		未确认相关支持文件	扣 5 分			
	实地考察	未检查与作业有关的设备、工具、材料等	扣 5 分	21		
		未检查作业人员资质	扣 3 分			
		未检查个人防护用品配备情况	扣 4 分			
		未检查消防设施的配备	扣 4 分			
		未确认安全措施的完好性	扣 5 分			
	审批	作业证审批签字缺项	扣 5 分	5		
	作业完成	未在许可证关闭栏签字	扣 5 分	5		
基本素质	团队合作	与他人合作困难	扣 3 分	24		
	自主操作	不是本人亲自操作	扣 3 分			

续表

项目		考核指标	标准分数	扣分	得分
基本素质	中心发言	不是中心发言人 扣2分	24		
	是否主操	不是主要操作人员 扣2分			
	服从安排	未能服从教师安排 扣10分			
	遵守时间	迟到或早退 扣4分			
考核结果					

【知识链接一】

一、术语

1. 安全工作许可证系统

用于确保有关工作得以授权，确保所有相关各方认知工作情况，确保所有工作的执行符合公司安全管理规定的一种文件系统。

2. 申请人

需要从批准人获得许可，从而在某一特定的设备、管线或区域上开展工作的一方，对批准的工作负直接责任。

3. 批准人

生产单位的负责人，了解作业的上下游系统、工作附近的区域、工作内容、承包商和将要进行工作的区域内正在进行的其他工作等，对工作及人员安全负责。

4. 会议审核

由相关方参与，对所有的文件和提议的工作方法进行审核的会议。审核过程须考虑工作方法、风险评估、特殊的或非正常的情况以及周围的设备操作或其他承包商的工作。

二、安全作业许可的目的

作业许可是为了确保对设施（设备）进行安全作业。但需要明确指出的是，作业许可本身并不能保证作业的安全，安全作业许可只是对作业之前和作业过程中所必须严格遵守的规则及所满足的条件作出规定。任何一项作业的安全工作只能由从事该项作业的所有监督人员、管理人员及作业人员自己负责。安全作业许可的目的是：

① 帮助员工、监督及管理人员保持一个良好的安全生产工作环境。

② 计划并检查作业活动。

③ 明确所有可能存在的危害因素及应采取的防范措施。

④ 相关人员批准该项作业计划。

⑤ 使作业活动和作业场所恢复到正常状态，并使日常工作恢复正常。

三、作业许可范围

作业许可范围如图3-1所示。

作业许可与专项作业许可的关系如下。

① 专项非常规作业可能涉及很多高危作业，如管线打开、动火作业、高处作业等。

② 作业许可的作用：

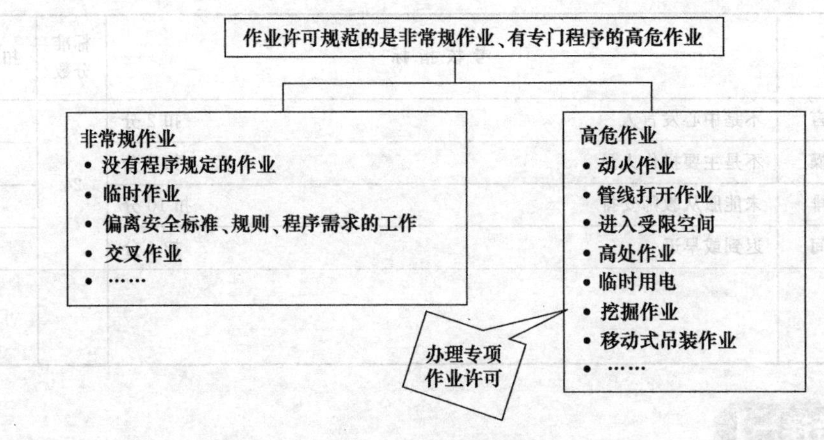

图 3-1　作业许可范围

a. 控制非常规作业的通用风险，如能量隔离、气体检测、个人防护装备等；

b. 统筹各个专项许可；

c. 控制专项许可审批前的准备工作。

③ 专项作业许可的作用：控制专项风险。

四、作业许可管理流程

作业许可的管理流程如图 3-2 所示。

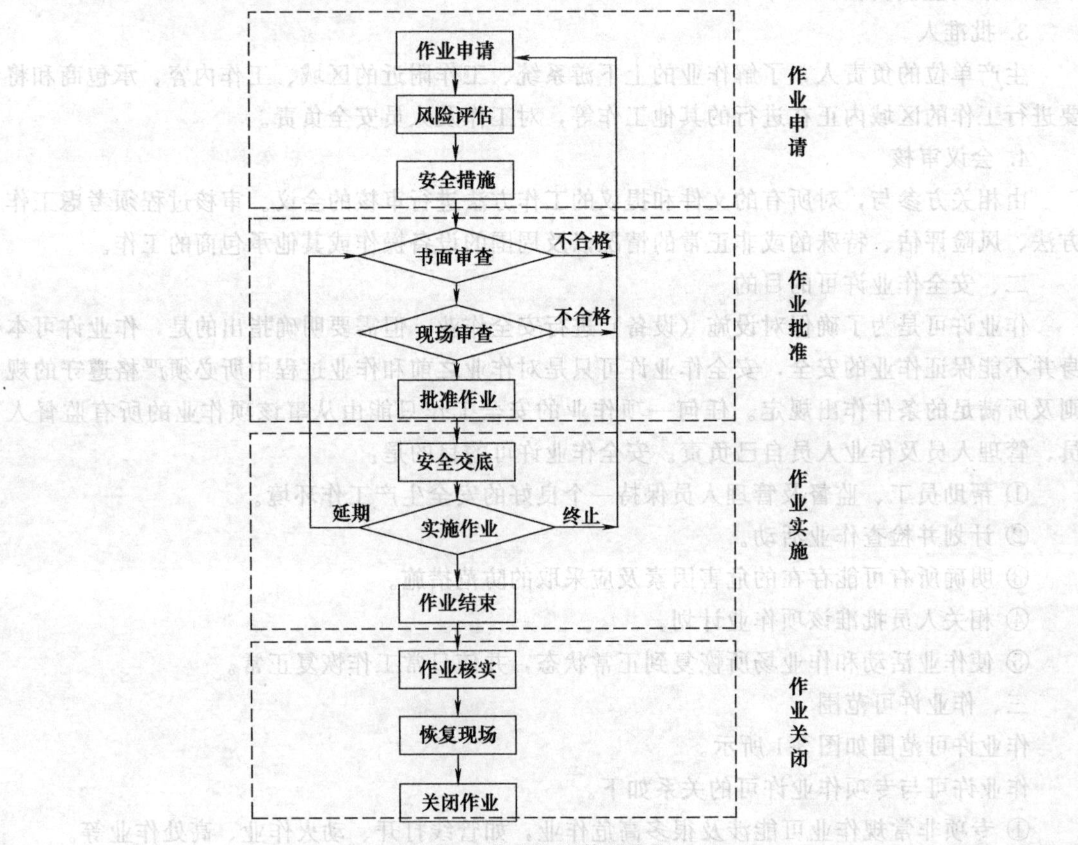

图 3-2　作业许可管理流程

1. 作业申请

作业申请人应是作业单位现场负责人。申请人应填写作业许可证并准备好相关资料：

① 作业内容说明；

② 相关附图（如作业环境示意图、工艺流程示意图、平面布置示意图等）；

③ 风险评估结果（工作前安全分析）；

④ 安全工作方案。

2. 作业批准

(1) 由批准人组织申请人和作业涉及相关方人员书面审查，包括以下内容：

① 确认作业的详细内容；

② 确认申请人所有的相关支持文件；

③ 确认所涉及的其他相关规范；

④ 确认作业前后应采取的安全措施，包括应急措施；

⑤ 分析、评估周围环境或相邻区域间的相互影响；

⑥ 确认许可证期限及延期次数；

⑦ 其他。

(2) 所有参加书面审查的人员应现场核查，现场核查确认合格，批准人方可签署作业许可证。

(3) 许可证审批人　根据作业初始风险的大小，由有权提供、调配、协调风险控制资源的直线管理人员或其授权人审批作业许可证。

批准人通常应是企业主管领导、业务主管、区域（作业区、车间、站、队、库）负责人、项目负责人等。

3. 作业实施

(1) 安全交底　作业实施前，应对参与此项工作的每个人，进行安全交底。

(2) 许可证取消　当发生下列任何一种情况时，许可证取消：

① 作业环境和条件发生变化；

② 作业许可证规定的作业内容发生改变；

③ 实际作业与规范的要求发生重大偏离；

④ 发现有可能发生立即危及生命的违章行为；

⑤ 现场作业人员发现重大安全隐患；

⑥ 事故状态下。

(3) 许可证失效　当发生下列任何一种情况时，许可证失效：

① 紧急情况出现或已发出紧急撤离信号时；

② 工作时间超出许可证有效时限或工作地点改变，风险评估失去其效力；

③ 许可证一旦被取消即作废，如再开始工作，需要重新申请作业许可证。

(4) 许可证延期

① 许可证期限、延期的条件

a. 许可证的有效期限一般不超过一个班次。

b. 作业许可证可延期，在书面审查和现场核查时确认期限和延期次数（最多2次）。

c. 延期只适用于安全措施有效、作业条件、作业环境没有变化的情况。

d. 申请人、批准人及相关方重新核查工作区域。

② 作业许可证与专项许可证延期要求和实施流程　作业许可证与专项许可证延期要求和实施流程如图 3-3 所示。

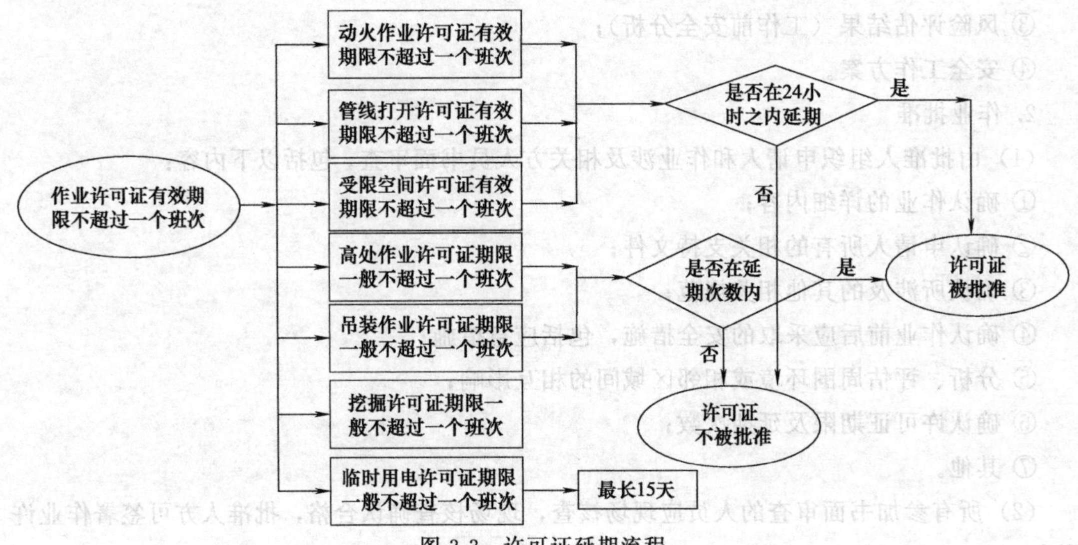

图 3-3　许可证延期流程

4. 作业关闭

(1) 当作业完成后，申请人与批准人确认：

① 现场没有遗留任何安全隐患；

② 现场已恢复到正常状态；

③ 验收合格。

(2) 申请人和批准人签字，许可作业关闭。

(3) 许可作业关闭时，收回相关方的许可证。

五、作业许可证填写规范

作业许可证填写方法如图 3-4 所示。

<table>
<tr><td>申请方</td><td colspan="2">填写施工单位名称</td><td>工作区域</td><td colspan="2">施工单位填写</td></tr>
<tr><td colspan="6">工作内容描述：
施工单位填写，所有作业内容需详细说明</td></tr>
<tr><td colspan="6">受影响相关方：填写在施工中受影响的其他单位名称。由生产单位现场负责人与施工单位现场负责人共同确认。施工单位填写</td></tr>
<tr><td>是否附工作方案 □是 □否</td><td colspan="5">其他附件(危害识别、HSE 例卷等)：没有作业计划书的在 HSE 工程师处办理 HSE 许可</td></tr>
<tr><td>是否附图纸 □是 □否</td><td colspan="5">图纸说明：</td></tr>
<tr><td colspan="6">有效期：从__年__月__日__时到__年__月__日___时　按照协议工作时限，参与施工的单位在开工前分别办理安全工作许可证。施工前必须考虑许可证涵盖全部将要工作内容。</td></tr>
<tr><td colspan="2">□承包商工作</td><td colspan="2">□＊受限空间</td><td colspan="2">□偏离安全标准规则程序要求的工作(应急情况、排污、没有全身式安全带又要工作等)</td></tr>
<tr><td colspan="2">□非计划性维修工作</td><td colspan="2">□＊吊装作业</td><td colspan="2">□没有安全程序可遵循的工作</td></tr>
<tr><td colspan="2">□交叉作业</td><td colspan="2">□＊管线打开</td><td colspan="2">□屏蔽和中断报警、联锁和安全应急设备</td></tr>
<tr><td colspan="2">□＊临时用电</td><td colspan="2">□＊挖掘作业</td><td colspan="2">□其他</td></tr>
<tr><td colspan="2">□＊动火</td><td colspan="2">□＊高处作业</td><td colspan="2">□</td></tr>
</table>

□爆炸性粉尘	□易燃性物质	□腐蚀性液体	□蒸汽
□高压气体/液体	□有毒有害化学品	□高温/低温	□触电
□惰性气体	□噪声	□产生火花/静电	□旋转设备
□机械储能	□辐射	□不利天气	□其他(请注明)
□淹没/埋没	□坠落	□	□
安全注意事项:**填写工作中需要特别注意的安全事项。开工前全面、细致调查和评估作业过程中存在的健康、安全和环境风险名称、危害程度、风险源和可能导致事故的因素等。由甲方负责人与施工单位负责人共同确认**			

工作前安全措施(工作区域准备)		个人安全防护装备	
□工作区域围栏/警戒线	□设路障	□安全眼镜	□全封闭眼罩
□挂工作警示牌	□通信工具	□防静电服装	□安全帽
□通风	□火花防护罩	□安全鞋	□护耳
□安全冲淋设施	□气体检测仪	□正压式呼吸器	□防毒面罩(种类:__)
□紧急疏散指示	□消防设施	□手套(种类:__)	□防化服:
□防爆机具	□急救设施	□防弧面具	□绝缘服
□设备需隔离	□气体检测	□安全绳	□安全带
□需要夜间照明和警示灯具		□焊接护目镜	□逃生设施
□其他准备:		□其他个人防护用具	
气体检测结果在油气场所开展工作前对周围环境进行检测。由生产单位现场监督人员检测填写。检测合格允许开工。其他特种作业中的气体检测执行其他特种作业的要求。填写在相应的检测记录上。			

检测时间				
检测位置				
氧气检测浓度/%				
可燃气体浓度 LEL/%(____)				
有毒气体浓度/%(____)				
本人确认工作开始前气体检测已合格。	检测人签字:**甲方现场监督人员**		确认人签字:**施工单位现场负责人**	
注明工作过程中气体检测要求(位置、频次和检测标准,另附气体检测记录表):**在油气易聚集或易泄漏区域施工,在此处必须注明工作期间的气体检测时间和频次。许可证得到批准后,生产单位现场监督人员负责按照此检测要求进行气体检测,另填写气体检测记录。**				

□已切断工艺流程	□设备已隔离	□工作区域准备完成
□已完成上锁、挂签、测试	□人员培训已完成	□个人安全防护装备到位
□设备安全检查合格并已贴标签(运转机械设备等)	□特殊工种人员均持有有效资质	□安全工作方案审核通过(**不一定所有的都需要,如果需要的话,都需要审核,许可证上提出安全要求也可以算作安全工作方案**)
□办理特殊作业许可证	□其他:____	□

许可证的延期:

本许可证是否可以延期 □是 □否 如果是,最多延期次数: 次	
本许可证最长可延期至: 年 月 日 时	
本人在工作开始前,已同工作区域负责人讨论了该工作及安全工作方案,并对工作内容进行了现场检查,该工作许可证的安全措施已落实。	申请人:**施工单位负责人签名** 年 月 日 时
本人已同工作执行单位(人员)讨论了该工作及安全工作方案,并对工作内容进行了现场检查,我对本工作及工作人员的安全负责。	**收到申请人的工作许可申请。批准人应组织申请人。生产、安全等相关人员召开审核会议,主要是交待目前装置目前状态。已采取的安全措施。在施工中需要采取的安全措施,并现场检查确认后签批。要有审核会议记录。签字后代表工作可以进行。** 批准人:**生产单位负责人签名** 年 月 日 时

本人确认收到许可证，了解工作对本部门的影响，将安排人员对此项工作给予关注，并和相关各方保持联系。	部门： 部门：	确认人：受影响单位负责人签字 确认人：

工作结束，已经确认现场没有遗留任何安全隐患，并已恢复到正常状态，同意许可证关闭。	申请人：施工单位现场负责人签字只在作业现场联（即第一联上关闭） 年　月　日　时	批准人：生产单位现场负责人签字 年　月　日　时

因以下原因：此许可证取消： 填写取消或作废的原因。安全工作许可证一旦被取消。禁止再次使用。申请方必须立即停工。如需继续工作则须按此程序重新申请安全工作许可证。	取消人：申请人或批准人随时有权取消安全工作许可证。批准人委派的安全人员发现工作安全标准不能满足要求。有权利将安全工作许可证抽走并告知申请方。 年　月　日　时

图 3-4　作业许可证填写规范

【知识链接二】

动火作业

一、概念

能直接或间接产生明火的工艺设置以外的可能产生火焰、火花和炽热表面的非常规作业称为动火作业。常见动火作业包括但不限于：

① 各种焊接、切割作业；

② 使用喷灯、火炉等明火作业；

③ 煨管、熬沥青、炒沙子等施工作业；

④ 打磨、喷沙、锤击等产生火花的作业；

⑤ 临时用电或使用非防爆电动工具等；

⑥ 使用雷管、炸药等进行爆破作业；

⑦ 在易燃易爆区使用非防爆的通信和电气设备；

⑧ 其他动火作业。动火作业实行作业许可，除固定动火区外，在任何时间、地点进行动火作业时，应办理《动火作业安全许可证》。

二、动火作业的危险

① 眼部损伤：施工过程中产生的红外线、紫外线易对眼睛造成视力减退、角膜损伤等危害。熔渣、切割产生的火花能引起角膜溃疡及结膜炎等眼部危害。

② 施工过程产生的紫外线危害皮肤的健康。

③ 施工过程产生的有毒烟雾，可导致呼吸系统的疾病。

④ 被火焰、灼热的熔渣或工件灼伤。

⑤ 搬运气瓶或大型工件导致筋骨劳损。

三、实施现场作业

1. 动火作业的一般要求

① 做好围挡，加强通风，控制火花飞溅，如图 3-5 所示。

② 位于动火点的上风向作业。

③ 动火作业中断 1h 以上应重新确认安全条件。

④ 发现异常情况停止动火作业。

2. 系统隔离与置换

图 3-5　动火使用围挡

① 动火作业前应首先切断物料来源并加盲板，经彻底吹扫、清洗、置换后，打开人孔，通风换气，经气体检测合格后方可动火作业，如图 3-6 和图 3-7 所示。

② 如气体检测超过 30min 后的动火作业，应对气体进行再次检测，如采用间断监测，间隔时间不应超过 2h。

③ 与动火作业部位相连的易燃易爆气体、易燃（可燃）液体管线必须进行可靠的隔离、封堵或拆除处理。

④ 与动火作业直接有关的阀门必须上锁、挂签、测试，如图 3-8 所示；需动火作业的设备、设施和与动火作业直接相关阀门的控制必须由车间人员操作。

图 3-6　系统通风隔离

图 3-7　加盲板

图 3-8　阀门上锁挂签

⑤ 动火作业区域应设置警戒，严禁与动火作业无关人员或车辆进入动火区域。

3. 气体检测

① 凡需要动火作业的罐、容器等设备和管线，必须进行内部和环境气体检测与分析，检测分析数据填入“动火作业许可证”中。检测单附在“动火作业许可证”的存根上。

② 可燃气体含量必须低于介质与空气混合浓度的爆炸下限的 10%（LEL），氧含量 19.5%～23.5%为合格（按体积比测量）。

③ 气体样品要有代表性。出现异常现象，应停止动火，重新检测。

④ 用于检测气体的检测仪必须在校验有效期内，确定其处于正常工作状态。如图 3-9 所示。

⑤ 动火部位存在有毒有害物质介质的，必须对其浓度作检测分析，若其含量超过车间空气中有害物质最高容许浓度的，必须采取相应的安全措施。

⑥ 停工大修装置在撤料、吹扫、置换、分析合格，并与系统采取有效隔离措施后，设备、容器、管道动火作业前，必须采样分析合格。

⑦ 气体检测顺序：氧含量、可燃气体、有毒有害气体。

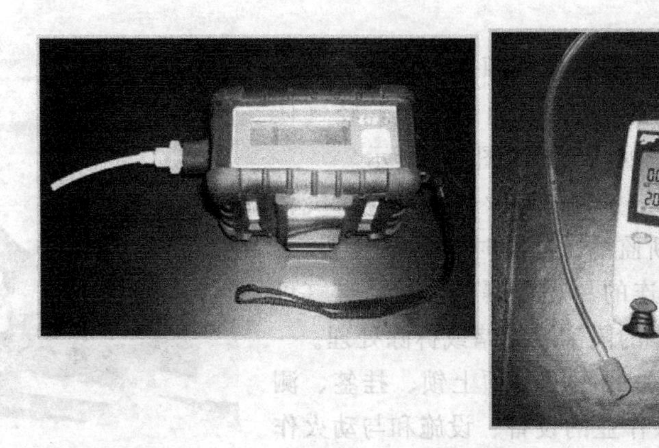

图 3-9　气体检测仪

4. 动火作业区域要求

在动火作业前必须清除动火作业区域一切可燃物，并根据动火作业级别、应急预案的要求配备相应的消防器材。

① 离动火点 30m 内不准有液态烃泄漏。

② 半径 15m 内不准有其他可燃物泄漏和暴露。

③ 半径 15m 内生产污水系统的漏斗、排水口、各类井、排气管、管道等必须封严盖实，如图 3-10 所示。

图 3-10　规范的下水井封堵

④ 在动火作业区域必须设置安全标识。

⑤ 在危险区域内进行多处动火作业时，相连通的各个动火作业部位不能同时进行。上一处动火作业部位的施工作业完成后，方可进行下一个部位的施工作业。

⑥ 动火作业涉及进入受限空间、临时用电、高处作业等其他特种作业时，必须办理相应的作业许可证，严禁以“动火作业许可证”代替。

5. 动火作业许可的申请与批准

(1) 动火作业批准人　负责审批动火作业许可证的责任人或授权人。

(2) 动火作业监督人　对动火作业负有监督责任，对动火作业审批人直接负责。

(3) 动火作业监护人　在作业现场对动火作业过程实施安全监护的指定人员。

(4) 动火作业人　动火作业的具体操作者。

6. 动火作业许可证

动火作业许可证如图 3-11 所示。

动火作业许可证

编号： P/JZSH 09.01—2011

作业单位		属地单位	
作业区域		作业地点	
动火等级	特殊(□甲类 □乙类) □一级 □二级 □三级		
作业内容描述：			
是否附安全工作方案 □是 □否		其他附件(危害识别等)：	
是否附图纸 □是 □否		图纸说明：	
动火作业类型： □焊接 □气割 □打磨 □钻孔 □临时用电 □使用内燃发动机设备 □锤击 □破碎 □明火 □燃烧 □研磨 □切削 □使用非防爆的电气设备 □其他			
可能产生的危害： □爆炸 □火灾 □灼伤 □烫伤 □泄漏 □中毒 □辐射 □触电 □机械伤害 □窒息 □坠落 □落物 □掩埋 □噪声 □其他			

工艺风险削减措施	确认人	作业风险削减措施	确认人
□1. 动火处与管线连接处用盲板隔断__处		□1. 在动火点处设置隔离设施	
□2. 管道容器内可燃介质用蒸汽，氮气或水处理干净		□2. 动火点搭设临时作业平台	
□3. 清除动火点周围的可燃介质和可燃物		□3. 清除动火点上方坠落物或转移动火地点	
□4. 作业时 50 米内不准有放空或脱水操作		□4. 动火现场发生意外泄漏，立即停止动火。消除火源	
□5. 动火现场配备消防蒸汽带__根		□5. 人员作业穿戴合适防护用品	
□6. 必须进行气体分析检测并合格		□6. 施工机具符合要求	
□7. 动火点半径 15 米内污水井、地漏封死盖严		□7. 人员培训合格	
□8. 动火现场配备 8 公斤干粉灭火器__台，配备轮载干粉灭火机__台		□8. 特种作业人员持有效作业证	
□9. 附近的固定消防设施齐全完好		□9. 补充安全措施：	
□10. 动火时需要消防车监护			
□11. 补充安全措施：			

注：风险削减措施项由工艺员(安全员)、作业单位现场负责人在需实施项序号前划“O”，在不需实施项序号划“×”。监护人在需实施项确认项签名，工艺员(安全员)、作业单位现场负责人在不需实施项确认项签名。

气体分析检测名称：□可燃气体 □氧气 □有毒气体

分析检测时间	日 时 分	日 时 分	日 时 分	日 时 分	日 时 分	日 时 分
氧气浓度						
可燃气体浓度						
有毒气体浓度						
使用便携式气体检测仪检测人签字						
工艺员(安全员)确认分析检测合格签字						

作业方	我保证阅读理解并遵照执行动火安全方案(已有)和此许可证，并在动火过程中负责落实各项风险削减措施。在动火工作结束时通知属地单位负责人。 作业单位现场负责人： 作业人： 特种作业证编号： 年 月 日 时 分 年 月 日 时 分
监护人	本人已阅读许可并且确认所有条件都满足，并承诺坚守现场。 作业单位监护人： 年 月 日 时 分 属地单位监护人： 年 月 日 时 分
会签	我保证作业风险削减措施经过评审并在作业现场得到落实、能够满足作业安全需要。 工艺员(安全员)： 当班班长： 年 月 日 时 分 年 月 日 时 分 生产副主任(科长) 年 月 日 时 分 ｜ 属地单位领导 年 月 日 时 分 ｜ 安全监督(安全科) 年 月 日 时 分 ｜ 特甲级会签：生产处处长： 机动处处长： 安环处处长： 年 月 日 时 分
相关方	本人确认已阅读许可证。了解该动火项目的安全管理要求及对本单位的影响，将安排相关人员对此动火项目给予关注，并和相关各方保持联系。 单位： 确认人： 年 月 日 时 分 单位： 确认人： 年 月 日 时 分
批准	我已经审核过本许可证的相关文件，并确认符合公司动火作业安全管理办法的要求，同时我与相关人员一同检查过现场并同意动火方案，因此，我同意动火。 作业批准人： 年 月 日 时 分
有效期： 从 年 月 日 时 分到 年 月 日 时 分	
本许可证是否可以延时 □是 □否 最多延时次数：__次	
延时有效期：从___年__月__日___时到__年__月__日__时 作业单位现场负责人： 属地单位监护人： 当班班长： 作业批准人：	
延时有效期：从___年__月__日___时到__年__月__日__时 作业单位现场负责人： 属地单位监护人： 当班班长： 作业批准人：	
关闭	□许可证到期，同意关闭。 □工作完成，已经确认现场没有遗留任何隐患，并已恢复到正常状态，同意许可证关闭。 动火结束时间： 年 月 日 时 分 作业单位现场负责人 年 月 日 时 分 ｜ 属地单位监护人 年 月 日 时 分 ｜ 批准人(或授权人) 年 月 日 时 分
取消	因以下原因，此许可证取消： 作业单位现场负责人： 批准人(或授权人)： 年 月 日 时 分

注：1. 属地单位工艺员(安全员)负责填写许可证中作业单位、属地单位、作业区域、作业地点、动火等级、作业内容描述、是否附安全工作方案、是否附图纸、动火作业类型、可能产生的危害等项。选择项确认划“○”，否认划“×”。2.“气体检测”项的填写：有气体检测分析单的由属地单位工艺员(安全员)判定检测结果是否符合要求。合格后将分析数据填写到作业许可证上，“检测人签字”项用斜线划掉。分析单附在作业许可证存根联后；现场使用便携式检测仪检测的数据，由现场检测人员填写并在“检测人签字”项处签字。属地单位工艺员(安全员)在“确认签字”项处签字。3. 动火结束时间由属地单位监护人填写。4. 许可证取消原因由属地单位工艺员(安全员)填写。5.“有效期”和“延时次数”由属地单位工艺员(安全员)在作业开始前填写。6. 授权人指属地单位领导或值班人员。7. 许可证第一联(白)保留在批准人处，第二联(蓝)张贴在控制室或公开处以示沟通(一级、特级动火作业结束后车间存查)。第三联(粉)悬挂在作业现场。

图 3-11 动火作业许可证

【知识链接三】

临时用电

一、概念

1. 临时用电作业

在施工、生产、检维修等作业过程中，临时性使用380V或380V以下的低压电力系统的作业。

2. 临时用电线路

除按标准成套配置的，有插头、连线、插座的专用接线排和接线盘以外的，所有其他用于临时性用电的电气线路，包括电缆、电线、电气开关、设备等。超过6个月的用电，不能视为临时用电。

3. 临时用电作业的危险

临时用电作业时，如果没有有效的个人防护装备和防护措施、设备，容易发生触电、电弧烧伤等，造成人员伤亡，同时还有可能造成火灾爆炸，如图3-12所示。

图3-12 烧焦的配电盘

二、临时用电基本要求

① 临时用电应执行相关的电气安全管理、设计、安装、验收等标准规范，实行作业许可，办理临时用电许可证。临时用电作业涉及动火时，应同时办理动火作业许可证。超过6个月的临时用电，不能按临时用电规范进行管理，应按照相关工程设计规范配置线路。

② 安装、维修、拆除临时用电线路的作业，应由电气专业人员进行。

③ 在开关上接引、拆除临时用电线路时，其上级开关应断电上锁，如图3-13所示。

图3-13 现场开关箱

④ 潮湿区域、户外的临时用电设备及临时建筑内的电源插座应安装漏电保护器，在每次使用之前应利用试验按钮进行测试。

⑤ 各类移动电源及外部自备电源，不得接入电网。动力和照明线路应分路设置。

⑥ 临时用电单位不得擅自增加用电负荷，变更用电地点、用途，一旦发生此类现象，生产单位应立即停止供电。

⑦ 临时用电线路和电气设备的设计与选型应满足爆炸危险区域的分类要求。

⑧ 进行临时用电拆、接线路的工作人员必须按规定佩戴个人防护装备。

三、临时照明设备要求

① 选择满足安全条件的照明亮度。

② 使用合适的灯具和带护罩的灯座。

③ 使用不导电材料悬挂电线，接地。

④ 电源电压不超过36V，灯泡外部有金属保护网。

⑤ 在潮湿和易触及带电体场所，电源电压不得大于24V。

⑥ 在特别潮湿场所、导电良好的地面、锅炉或金属容器内，电源电压不得大于12V。

⑦ 在易燃易爆场所，行灯必须为防爆型。

四、工具

① 移动工具、手持工具等用电设备应有各自的电源开关，必须实行“一机一闸”制，严禁两台或两台以上用电设备（含插座）使用同一开关。

② 在水下或潮湿环境中使用电气设备或电动工具，作业前应由电气专业人员对其绝缘进行测试，带电零件与壳体之间，基本绝缘不得小于2MΩ，加强绝缘不得小于7MΩ。

③ 使用潜水泵时应确保电机及接头绝缘良好，潜水泵引出电缆到开关之间不得有接头，并设置非金属材质的提泵拉绳。

④ 使用手持电动工具应满足如下安全要求。

a. 设备外观完好，标牌清晰，各种保护罩（板）齐全。

b. 在一般作业场所，应使用Ⅱ类工具；若使用Ⅰ类工具时，应装设额定漏电动作电流不大于30mA、动作时间不大于0.1s的漏电保护器。

c. 在潮湿作业场所或金属构架上等导电性能良好的作业场所，应使用Ⅱ类或Ⅲ类工具。

d. 在狭窄场所，如锅炉、金属管道内，应使用Ⅲ类工具。若使用Ⅱ类工具应装设额定漏电动作电流不大于15mA、动作时间不大于0.1s的漏电保护电器。

临时用电许可证

<table>
<tr><td colspan="3">临时用电单位</td><td colspan="2"></td><td>用电地点</td><td colspan="2"></td></tr>
<tr><td colspan="3">临时用电用途</td><td colspan="2"></td><td>属地单位</td><td colspan="2">（设备主任签）</td></tr>
<tr><td colspan="3">临时用电单位填写</td><td colspan="5">供电单位与用电单位共同确认，填写</td></tr>
<tr><td>工作电压</td><td colspan="2"></td><td>电源接入点</td><td colspan="2"></td><td>用火许可证编号</td><td></td></tr>
<tr><td colspan="3">用电设备清单</td><td colspan="5">风险识别和消减措施：符合并合格划“○”，识别无此项划“×”</td></tr>
<tr><td>设备名称</td><td>数量</td><td>负荷(kW)</td><td colspan="5">□接引点确认　□上锁点确认　□电缆及设备外观　□焊接设备</td></tr>
<tr><td></td><td></td><td></td><td colspan="5">□接地　□电缆规格及走向　□线路架空　□临时照明</td></tr>
<tr><td></td><td></td><td></td><td colspan="5">□漏电保护　□负荷已确认　□穿越保护　□手持电动工具</td></tr>
<tr><td></td><td></td><td></td><td colspan="5">□电气绝缘状态　□符合防爆要求　□一机一闸　□设备防护罩</td></tr>
<tr><td></td><td></td><td></td><td colspan="5">□警戒标志　□配电箱(盘)开关</td></tr>
<tr><td></td><td></td><td></td><td colspan="5">用电单位确认人：　　　　供电单位确认人：</td></tr>
<tr><td></td><td></td><td></td><td colspan="5">以下由属地单位设备主任确认　确认人：</td></tr>
<tr><td>负荷合计</td><td></td><td></td><td colspan="5">□防爆区域　其他安全注意事项：</td></tr>
</table>

图3-14

本人已对临时用电相关资料，情况进行了核实，并对用电设备进行了检查，确认该作业许可证的安全措施已落实。我对本工作及作业人员和设备的安全负责。 用电单位申请人 年 月 日 时	本人已同申请单位讨论了安全工作方案，确认该工作许可证的安全措施已落实，符合临时用电相关标准，许可该临时用电。 供电单位审核人： 年 月 日 时	本人已同申请单位，供电专区讨论了安全工作方案，批准该临时用电。 供电单位审批人： 年 月 日 时	
用电期限	年 月 日 时至 年 月 日 时		
接线人签名：		电工证号：	
送电时间	年 月 日 时 分	签名：	电工证号：
许可证延期1	延期有效期：从 年 月 日 时到 年 月 日 时 用电单位申请人：	属地(设备主任)：	供电审批人：
许可证延期2	延期有效期：从 年 月 日 时到 年 月 日 时 用电单位申请人：	属地(设备主任)：	供电审批人：
许可证关闭	用电单位申请人： 年 月 日 时	供电单位审核人： 年 月 日 时	属地单位确认人（设备主任）： 年 月 日 时
	断电时间： 年 月 日 时 分 拆线时间： 年 月 日 时 分	断电人签名： 拆线人签名：	电工证号： 电工证号：

本票证共三联：一联保留在供电单位确认人所属班组中，保存期一年；二联用电单位悬挂在作业现场；三联属地单位或工程指挥部张贴在控制室或公开处以示沟通。让有关人员了解现场的作业位置和内容，并留存。

图 3-14 临时用电许可证

e. Ⅲ类工具的安全隔离变压器，Ⅱ类工具的漏电保护器及Ⅱ、Ⅲ类工具的控制箱和电源联结器等应放在容器外或作业点处，同时应有人监护。

五、临时用电许可证

临时用电许可证如图 3-14 所示。

子情境 3.2 上锁挂签管理

【任务描述】

如图 3-15 所示，某炼厂一车间要对泵进行检修，有 4 名检修人员参与检修，请分析系统中有哪些危险能量？哪些部位需要上锁？采用什么形式的安全锁比较合适？

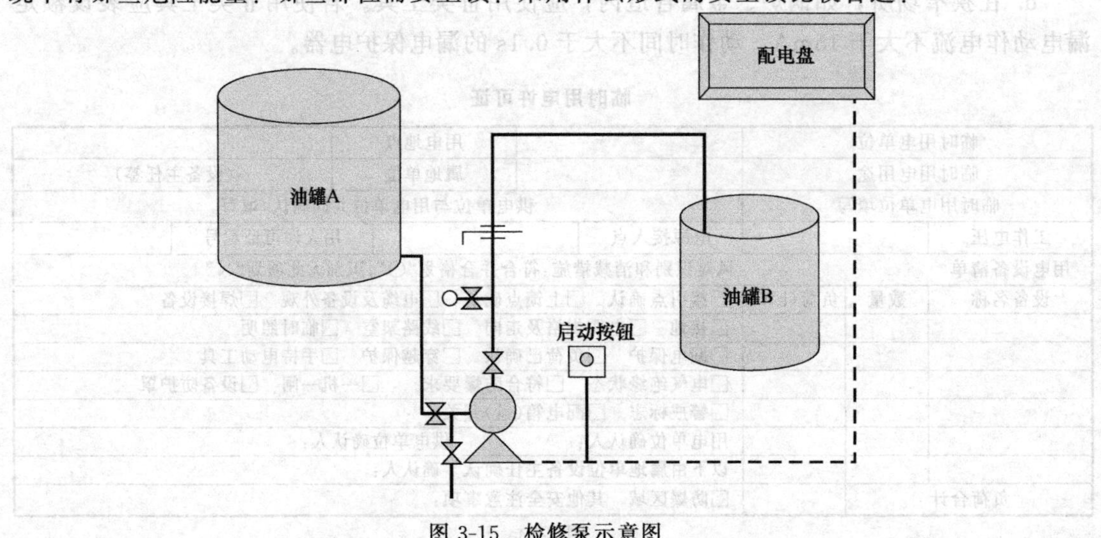

图 3-15 检修泵示意图

【任务实施】

一、用品的准备

图 3-16 和图 3-17 为锁具和挂签。

图 3-16　锁具

图 3-17　挂签

二、实施过程

1. 辨识

对某装置进行机泵检修，检修前做好计划准备工作，识别危险能量，填写能量隔离清单，能量隔离清单见表 3-2。

表 3-2　能量隔离清单

<table>
<tr><td colspan="4">隔离系统/设备：</td></tr>
<tr><td>危害</td><td colspan="3">□物体打击　□机械伤害　□触电　□淹溺　□灼烫
□火灾　□高处坠落　□瓦斯爆炸　□锅炉爆炸
□容器爆炸　□其他爆炸　□中毒和窒息　□辐射
□其他伤害</td></tr>
<tr><td>能量/物料</td><td>隔离方法</td><td>上锁挂牌点</td><td>挂牌点</td></tr>
<tr><td rowspan="6"></td><td>□移除管线加盲板</td><td rowspan="6"></td><td rowspan="6"></td></tr>
<tr><td>□双切断加导淋</td></tr>
<tr><td>□关闭阀门</td></tr>
<tr><td>□切断电源</td></tr>
<tr><td>□辐射隔离</td></tr>
<tr><td>□其他________</td></tr>
<tr><td rowspan="6"></td><td>□移除管线加盲板</td><td rowspan="6"></td><td rowspan="6"></td></tr>
<tr><td>□双切断加导淋</td></tr>
<tr><td>□关闭阀门</td></tr>
<tr><td>□切断电源</td></tr>
<tr><td>□辐射隔离</td></tr>
<tr><td>□其他________</td></tr>
</table>

续表

能量/物料	隔离方法	上锁挂牌点	挂牌点
	□移除管线加盲板		
	□双切断加导淋		
	□关闭阀门		
	□切断电源		
	□辐射隔离		
	□其他________		

编写人：　　测试人：　　作业人：　　批准人：　　年　月　日

2. 隔离

① 断开电源。

② 隔离压力源。

③ 停止转动设备并确保它们不再转动。

④ 隔离储存能量的来源。

⑤ 防止设备经受可能引起移动的外力（如风）。

⑥ 燃油、发动机驱动的设备用可靠的方法使之不能运行。

⑦ 在复杂或高能电力系统中考虑安装防护性接地。

3. 上锁挂签

根据隔离清单，对已完成隔离的隔离设施选择合适的锁具、填写危险警示标签。

① 正确使用上锁挂签，以防止误操作的发生。

② 应有程序明确规定安全锁钥匙的控制。

③ 上锁同时应挂签，标签上应有上锁者姓名、日期、单位、简短说明，必要时可以加上联络方式。

4. 确认

① 危险能量和物料已被隔离或去除。

② 检查电源导线已断开，上锁必须实物断开且测试无电压。

5. 试验

① 应当先观察压力表以确认压力表都处于工作状态。

② 应在切断电源箱开关之前，先按测试按钮以确认按钮正常，上锁后，再进行确认测试，以确保电源被确实切断。

6. 注意事项

① 操作设备的区域的主管有责任向维修人员、承包商介绍工作危害、上锁情况和试验结果。

② 操作人员仔细检查每一个上锁点。

课程考核评价表见表3-3。

表 3-3　课程考核评价表

项目		考核指标		标准分数	扣分	得分
实施步骤	辨识	没有识别出电源风险	扣5分	76		
		没有识别出管道风险	扣5分			
		能量隔离清单填写不规范	扣5分			
	隔离	未隔离电源	扣10分			
		未停止转动设备并确保它们不再转动	扣10分			
	上锁挂签	未选择合适的锁具	扣5分			
		正确填写标签	扣10分			
	确认	未清除现场危险的物品和人员	扣6分			
		未检查电源导线是否已经断开	扣6分			
	试验	未观察压力表以确认压力表都处于工作状态	扣7分			
		在切断电源箱开关之前，未按测试按钮以确认按钮正常，上锁后，未进行再次确认测试	扣7分			
基本素质	团队合作	与他人合作困难	扣3分	24		
	自主操作	不是本人亲自操作	扣3分			
	中心发言	不是中心发言人	扣2分			
	是否主操	不是主要操作人员	扣2分			
	服从安排	未能服从教师安排	扣10分			
	遵守时间	迟到或早退	扣4分			
考核结果						

【知识链接】

一、术语

① 上锁挂签：通过安装上锁装置及悬挂标签识别来防止由于危险能源意外释放而造成的人员伤害或财产损失的作法。

② 隔离：将阀门、开关、按钮等设定在合适的位置或借助特定的设施（如盲板）使设备不能运转或能量和物料不能释放。

二、危险能源

危险能源见表 3-4。

表 3-4　危险能源

能源种类	定　义
电气系统	大多数机器设备的主要能源
液压系统	通过管路中的压力液体实现运动
气动系统	系统中含有压缩空气/气体
重力系统	使用重力降低悬浮零件的机械循环
弹簧能源	拉伸或压缩作用下的器械
热力系统	在操作过程中产生的温度不断升高的设备/机械

三、确定隔离点的方法

① 手工操作的电路断路器。

② 切断开关。

③ 用手动操作开关将线路与所有未接地的供电导线断开并防止所有电极独立操作。

④ 管道阀门盲法兰、盲板和物理断开。

⑤ 机械阻塞或用于阻塞或隔离能源的类似装置。

⑥ 控制阀和电磁阀不是专门提供足够隔离流体的装置。

四、上锁挂签的作用

① 防止危险能量和物料的意外释放。

② 隔离系统或某一设备，保证工作人员免于安全和健康方面的危险。

③ 强化能量和物料隔离管理。

五、上锁挂签的职责

① 各级主管有责任执行本单位上锁挂签管理规范，保证该规范的实施。

② 每一位员工及承包商人员应对其自己的安全负责。

③ 每一位员工及承包商人员应亲自执行上锁挂签和清除验证程序。

④ 主管是第一个上锁责任人。

六、上锁挂签步骤

上锁挂签的步骤如图 3-18 所示。

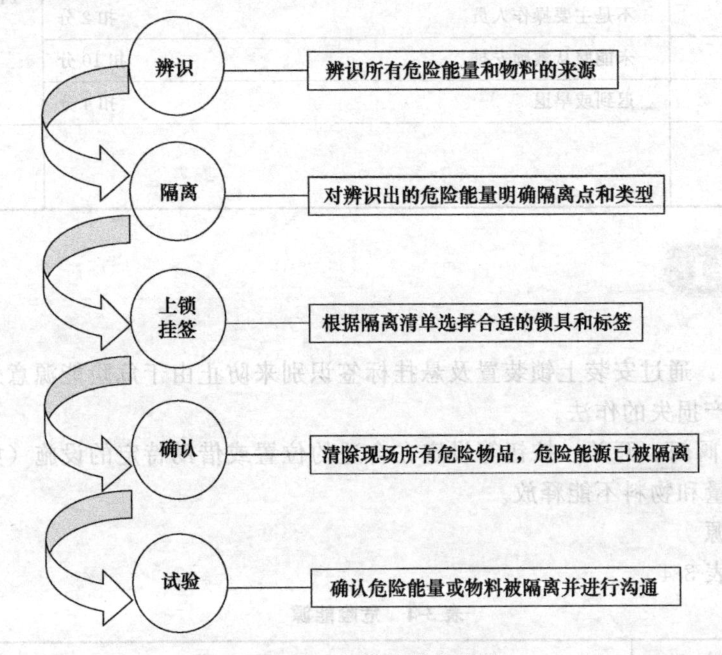

图 3-18　上锁挂签的步骤

七、锁的形式

锁主要有两种，一种是电源锁（见图 3-19)，另一种是管道锁（见图 3-20)。

八、上锁挂签实例

某石化公司合成氨装置脱碳贫液泵 107-JB 检修上锁挂签案例。

① 工艺人员关 107-JB 脱碳液进出口阀，水力透平出口阀，透平蒸汽入口阀，如图 3-21

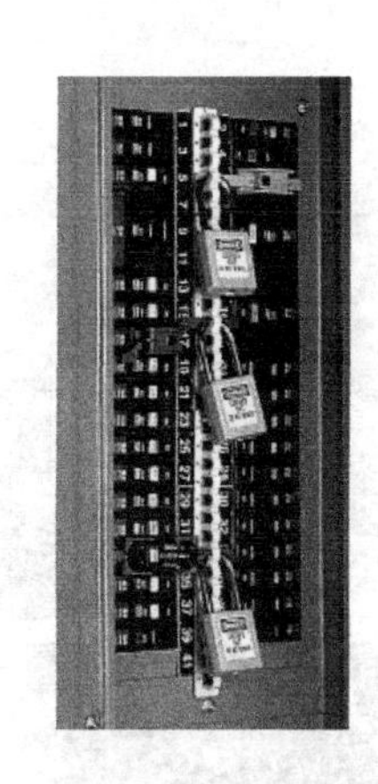

图 3-19 电源锁

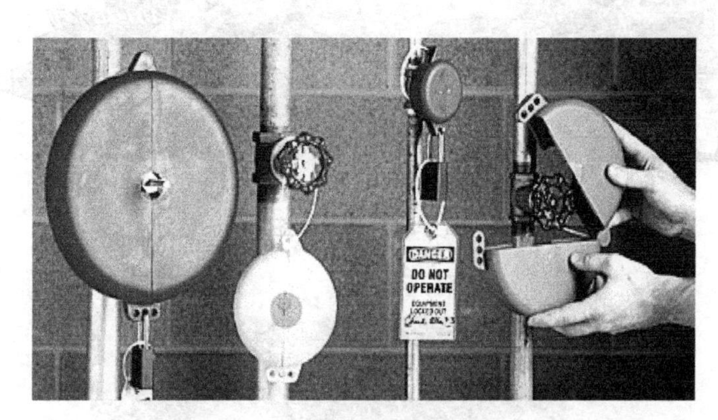

图 3-20 管道锁

所示。

② 技术人员办理能量隔离票证及填写危险禁止操作标签。

③ 工艺人员与检修人员填写危险禁止操作标签(标签填写要规范)。

④ 工艺人员对 107-JB 4 道阀门进行上锁挂签(用集体锁)，如图 3-22 所示。

⑤ 工艺人员上锁挂签完成后，将集体锁钥匙放入锁箱后通知工艺技术员和检修人员用个人锁锁住锁箱。并悬挂能量隔离单和禁止操作标签，如图 3-23所示。

⑥ 上锁完成后，在进行测试后方可通知检修人员开始检修。

⑦ 当设备修复后，且经设备拥有者检查认可后，设备拥有者主管可以移去他们的锁及标签。

图 3-21 关 107-JB 脱碳液进出口阀

⑧ 设备拥有者必须是最后一个移去锁及标签的人，拥有单位主管是最后一个解集体锁的人。

图 3-22　上锁挂签

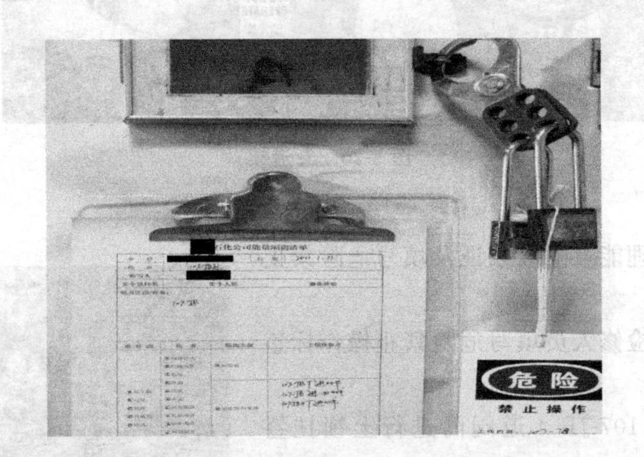

图 3-23　悬挂能量隔离单和禁止操作标签

子情境 3.3　装置开停车管理

【任务描述】

某石化公司一车间进行苯/甲苯分离塔停车工作。要求如下：

① 识别该作业活动的风险因素；

② 评价风险；

③ 提出采取控制风险的措施。

【任务实施】

步骤一：停车准备阶段。

在该阶段，可能由于“停车方案”可操作性不强、对人员培训不到位、相关部门的沟通没有做好，造成延误工期，甚至会引发各种事故。因此，要严格按照制度办事，对于停车方案，必须由车间主任审核，生产处批准。对员工的培训要达到100%合格。

步骤二：停止进料阶段。

在该阶段，存在的风险：①将塔顶、塔釜物料切至不合格罐时流程确认错误造成苯污染；②如果降低加热量速度过快，会造成设备的损坏和物料的泄漏。要建立开停工方案编制审查机制，实现各种流程都有确认单，防止流程确认错误。

步骤三：倒空。

物料倒空不彻底，会引起物料的泄漏、着火。

步骤四：吹扫。

在该阶段，存在的风险：①切换流程错误，造成物料泄漏、着火；②氮气胶管崩裂和桶接物料时人员没有佩戴防护用品，都会引起人员伤害。采取的措施：①按照《流程确认单》执行；②选择质量合格的胶管，捆绑牢固；③桶接物料时佩戴面罩、安全员重点检查，在排放点设置警示标识。

步骤五：置换。

在置换阶段，蒸汽胶管崩裂、接蒸汽时人员没有佩戴防护用品、氮气胶管崩裂都会造成人员伤害。采取的措施包括：①选择质量合格的胶管，捆绑牢固；②接蒸汽时佩戴手套。

步骤六：加盲板。

加盲板阶段，存在的风险有：①盲板方案错误；②盲板加错或漏加；③盲板规格不符合要求，造成危害是系统没有有效隔离，延误工期，动火时着火。采取的措施是严格执行《盲板管理规定》，盲板方案要有车间主任审核，生产处批准，在加盲板过程中，要有盲板图，技术人员要专门负责。同时，要落实盲板的规格。

步骤七：填写苯/甲苯分离塔停车危害识别表。

苯/甲苯分离塔停车危害识别表见表3-5。

表3-5 苯/甲苯分离塔停车危害识别表

序号	工作步骤	危害或潜在事件	主要后果	建议采取的风险控制措施
1	停车准备			
2	停止进料			
3	倒空			
4	吹扫			
5	置换			
6	加盲板			

【任务评价】

学生测评表见表3-6。

表 3-6 学生测评表

组别/姓名			班级		学号	
情境名称			日期			
子情境名称						
测评项目	测评标准		分值	组内评分 20%	组外评分 30%	教师评分 50%
停车准备	风险识别正确		5			
	风险消减措施合理		5			
停止进料	风险识别正确		5			
	风险消减措施合理		5			
倒空	风险识别正确		8			
	风险消减措施合理		8			
吹扫	风险识别正确		8			
	风险消减措施合理		8			
置换	风险识别正确		8			
	风险消减措施合理		8			
加盲板	风险识别正确		8			
	风险消减措施合理		8			
填写苯/甲苯分离塔停车危害识别表	描述准确		8			
	内容完整		8			
合计			100			

【知识链接】

一、停车前的准备工作

1. 编写好停车方案

停车方案应根据工艺流程、工艺条件和原料、产品、中间体的性质及设备状况制定。主要内容应包括停车时间、步骤、设备管线倒空及吹扫置换流程登记表、抽堵盲板位置图，并根据具体情况制定防堵、防冻、防凝措施。对每一个步骤都要明确规定具体时间、工艺条件变化幅度指标和安全检查内容，并有专人负责。

2. 作好检修期间的劳动组织及分工

根据装置的特点，检修工作量大小，停车时的季节及员工的技术水平，合理调配人员。要分工明确，任务到人，措施到位，防止忙乱出现漏洞。在检修期间，除派专人与施工单位配合检修外，各岗位、控制室均应有人坚守岗位。

3. 组织人员对设备内部进行检查

装置停车初期，要组织技术水平高的有关人员，对设备内部进行检查鉴定，以尽早提出新发现的检修项目，便于备料施工，消除设备内部缺陷，保证下个开工周期的安全生产。

4. 做好停车检修前的组织动员

在停车前要进行一次大检修的动员，使全体人员都明确检修的任务、进度，熟悉停开车方案，重温有关安全制度和规定，对照过去的经验教训，提出停车可能出现的问题，制定防范措施，进行事故预想，克服麻痹思想，为安全停车和检修打下扎实的基础。

二、停车操作及设备置换

按照停车方案确定的时间、停车步骤、工艺条件变化幅度进行有秩序的停车，不得违反。在停工操作中应注意下列问题。

① 降温、降量的速度不宜过快，尤其在高温条件下，以防金属设备温度变化剧烈，热胀冷缩造成设备泄漏。易燃易爆介质漏出遇到空气，易造成火灾爆炸事故；有毒物料漏出还容易引起急性中毒事故。

② 开关阀门操作在一般情况下要缓慢，尤其开阀门时，打开头两扣后要停片刻，使物料少量通过，观察物料畅通情况（对热物料来说，可使设备管道有个热过程），然后再逐渐开大直至达到要求为止。开水蒸气的阀门时，开阀前应先打开排凝阀，将设备或管道内冷凝水排净，关闭排凝阀，然后由小到大逐渐把蒸汽阀打开。如没有排凝阀，应先小开，将水排出后再把阀开大，以防止蒸汽带水造成水击现象，产生振动而损坏设备和管道。

③ 加热炉的停炉操作，应按停车方案规定的降温曲线逐渐减少烧嘴。炉子负荷较大，火嘴较多，且进料非一路的，应考虑几路进料均匀降温，因此熄灭火嘴时应叉开进行。加热炉未全部熄火或者炉膛温度很高时，有引然可燃气体的危险，此时装置不得进行排空和低点排凝，以防引起爆炸着火。

④ 高温真空设备的停车，必须先破坏真空恢复常压，待设备内介质温度降到自燃点以下时方可与大气相通，以防设备内的燃爆。否则在负压下介质温度达到或高于自燃点，空气吸入会引起爆炸事故。

⑤ 装置停车时，设备管道内的液体物料应尽可能抽空，送出装置外。可燃、有毒气体物料应排到火炬烧掉。对残存的物料排放时，应采取相应的措施，不得就地排放或排放到下水道中，装置周围应杜绝一切火源。

⑥ 设备吹扫和置换，必须按停车方案规定的吹扫置换程序和时间执行。

三、装置环境安全标准

通过各种处理工作，生产车间在设备交付检修前，必须对装置环境进行分析，达到下列标准。

① 在设备内检修，动火时，燃烧爆炸物质浓度应低于安全值，有毒有害物质浓度应低于最高允许浓度。

② 设备外壁检修、动火时，设备内部的可燃气体含量应低于安全值。

③ 检修场地水井、地沟，应清理干净，加盖砂封，设备管道内无余压，无灼烫物、无沉淀物。

④ 设备、管道物料排空后，加水冲洗，再用氮气、空气置换至设备内可燃物含量合格，氧含量在19.5%～23%。

四、抽堵盲板

石油化工生产，特别是大型石油化工联合企业，厂际之间、各装置之间，装置与储罐区之间有许多管道互相连通输送物料，为了保证安全生产，装置停车检修的设备必须与运行系统或有物料系统进行隔离，而这种隔离只靠阀门是不行的。因为许多阀门经过长期的介质冲刷、腐蚀、结垢或杂质的积存等因素，很难保证严密，一旦有易燃易爆、有毒、有腐蚀、高温、窒息性介质窜入检修设备中，遇到施工用火便会引起爆炸着火事故；如果是有毒或窒息性物料，人在设备内工作，便会造成中毒或窒息死亡。最保险的办法是将与检修设备相连的管道用盲板相隔离。装置开车前再将盲板抽掉。抽堵盲板工作既有很大的危险性，又有较复杂的技术性，必须由熟悉生产工艺的人员负责，严加管理。抽加盲板应注意以下几点。

① 根据装置的检修计划，制定抽堵盲板流程图，对需要抽堵的盲板要统一编号，注明抽堵盲板的部位和盲板的规格，并指定专人负责此项作业和现场监护，防止漏抽漏加。

② 盲板的制作，以钢板为准，应留有手柄，便于抽堵和检查，最好做成眼睛式的，一端为盲板、一端为垫圈，使用方便，标志明显。不准用石棉板、马口铁皮或油毡纸等材料代用。盲板要有足够的强度，其厚度一般应不小于管壁厚度。

③ 加盲板的位置，应加在有物料来源的阀门后部法兰处，盲板两侧均应有垫片，并把紧螺栓，以保持严密性。不带垫片，就不严密，也会损坏法兰。

④ 抽堵盲板时要采取必要的安全措施，高处作业要搭设脚手架，系安全带。有毒气体要佩戴防毒面具。若系统中有易燃易爆介质，抽堵盲板作业时，周围不得动火。用照明灯时，必须用电压小于36V的防爆灯。应使用铜质或其他不产生火花的器具，防止作业时产生火花。在室内要打开门窗，保证通风良好。在拆卸法兰时，应隔一个螺栓松一个螺栓，逐步松开，以防管道内剩有余压或残余物料喷出伤人。危险性大的作业，应有气防人员负责监护。

⑤ 如果管线抽堵盲板处距离两侧管架较远，应该采取临时支架或吊架措施，防止抽出螺栓后管线下垂伤人。

⑥ 做好抽堵盲板的检查登记工作。应有专人对抽堵的盲板分别逐一进行登记。并对照抽堵的盲板图进行检查，防止漏堵漏抽。

⑦ 盲板用后统一收藏，下次再用，以免浪费。

五、其他

按停车方案在完成了装置的停车、倒空物料、中和、置换、清洗和可靠的隔离等工作后，装置停车圆满结束。在转入装置检修之前还应对地面、明沟内的油污进行清理，封闭全装置的下水井盖和地漏。对转动设备或其他有电源的设备，检修前必须切断一切电源，并在开关处挂上标志牌。对要实施检修的区域或重要部位，应设置安全界标，并有专人负责监护，非检修人员不得入内。

操作人员与检修人员要做好交接和配合。设备停车并经操作人员进行物料倒空、吹扫等处理，经分析后方可交给检修人员进行检修。在检修过程中动火、动土、罐内作业等均按有关规定进行，操作人员要积极配合。

停工检修前应检查消防器材，保证好用，防毒面具齐全完好，人人会用，以防万一。

六、装置开车前安全检查

生产装置经过停工检修后，在开车运行前要进行一次全面的安全检查验收。目的是检查检修项目是否全部完工，质量是否全部合格，劳动保护安全设施是否全部恢复完善，设备、容器、管道内部是否全部吹扫干净、封闭，盲板是否按要求抽加完毕，确保无遗漏，检修现场是否工完料净场地清，检修人员、工具是否撤出现场，达到了安全开工条件。

七、装置开车

① 必须办理开车操作票，检查并确认水、电、汽（气）必须符合开车要求，各种原料、材料、辅助材料的供应必须齐备、合格。投料前必须进行分析验证。

② 检查阀门开闭状态及盲板抽加情况，保证装置流程畅通，各种机电设备及电气仪表等均应处在完好状态。

③ 保温、保压及洗净的设备要符合开车要求，必要时应重新置换、清洗和分析，使之合格。

④ 安全、消防设施完好，通信联络畅通，危险性较大的生产装置开车，应通知消防、气防及医疗卫生部门的人员到场。岗位应备有个人防护用品。

⑤ 装置开车要在开车负责人的领导下，统一安排，并由装置所属的负责人指挥开车。

⑥ 岗位操作工人要严格按工艺的要求和操作规程操作。

⑦ 进料前，在升温、预冷等工艺调整操作中，检修工与操作工配合做好螺栓紧固部位的热把、冷把工作，防止物料泄漏。

⑧ 油系统要加强脱水操作，深冷系统要加强干燥操作，为投料奠定基础。

⑨ 装置进料前，要关闭所有的放空、排污、倒淋等阀门，然后按规定流程，经操作工、装置负责人检查无误，启动机泵进料。进料过程中，操作工沿管线进行检查，防止物料泄漏或物料走错流程；装置开车过程中，严禁乱排乱放各种物料。

⑩ 装置升温、升压、加量，按规定缓慢进行。操作调整阶段，应注意检查阀门开度是否合适，逐步提高处理量，使其达到正常生产为止。开车过程中要严密注意工艺的变化和设备运行的情况，加强与有关岗位和部门的联系，发现异常现象应及时处理，情况紧急时应中止开车，严禁强行开车。

子情境 3.4 受限空间作业管理

【任务描述】

某车间需进入罐体进行焊接作业，如图 3-24 所示。

任务：识别该作业活动风险并填写受限空间作业许可证。

【任务实施】

步骤一：受限空间作业的工作危险性分析（JHA）。

步骤二：受限空间作业许可证办理。

步骤三：进入受限空间作业人员的安全培训。

步骤四：隔离。

步骤五：清理、清洗。

受限空间进入前，应进行清理、清洗。清理、清洗受限空间的方式包括但不限于：清空；清扫（如冲洗、洗涤等）；中和危害物；置换。

步骤六：工作前化学分析法进行气体检测。

步骤七：受限空间进入相关人员（授权人、监护人、作业人员、作业主管、营救人员）要求。

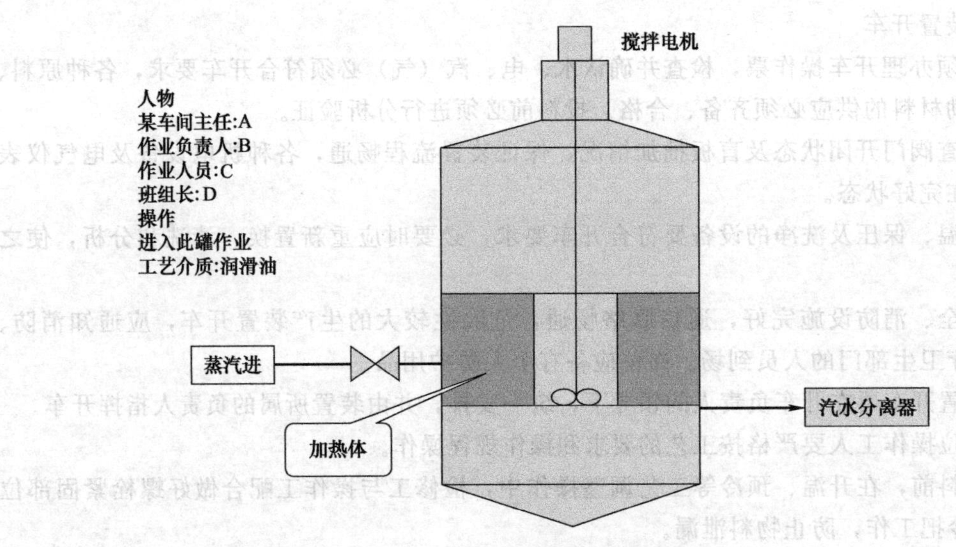

图 3-24 进入罐体进行焊接作业

步骤八：制定可靠的通风方案。

步骤九：现场监护。

步骤十：完成、关闭。

【任务评价】

学生测评表见表 3-7。

表 3-7 学生测评表

组别/姓名		班级		学号	
情境名称		日期			
子情境名称					
测评项目	测评标准	分值	组内评分 20%	组外评分 30%	教师评分 50%
作业许可证	作业许可证办理程序正确	15			
	作业许可证填写准确	15			
人员培训	培训内容全面	10			
隔离	隔离项目完整	15			
	有隔离清单	20			
气体检测	气体检测符合要求	15			
监护	设立监护人	10			
合计		100			

【知识链接】

一、受限空间辨识

一切通风不良、容易造成有毒有害气体集聚和缺氧的设备、设施和场所都叫受限空间，如图 3-25 所示。在受限空间的作业都称为受限空间作业。符合以下所有物理条件外，还至少存在以下危险特征之一的空间，属于受限空间。

(1) 物理条件（必须同时符合以下3条）

① 有足够的空间让员工进入并进行指定的工作；

② 进入和撤离受到限制，不能自如进出；

③ 并非设计用来给员工长时间在内工作的空间。

(2) 危险特征（还须至少符合以下特征之一）

① 存在或可能产生有毒有害气体；

② 存在或可能出现能掩埋作业人员的物料；

③ 内部结构可能将作业人员困在其中（如内有固定设备或四壁向内倾斜收拢）。

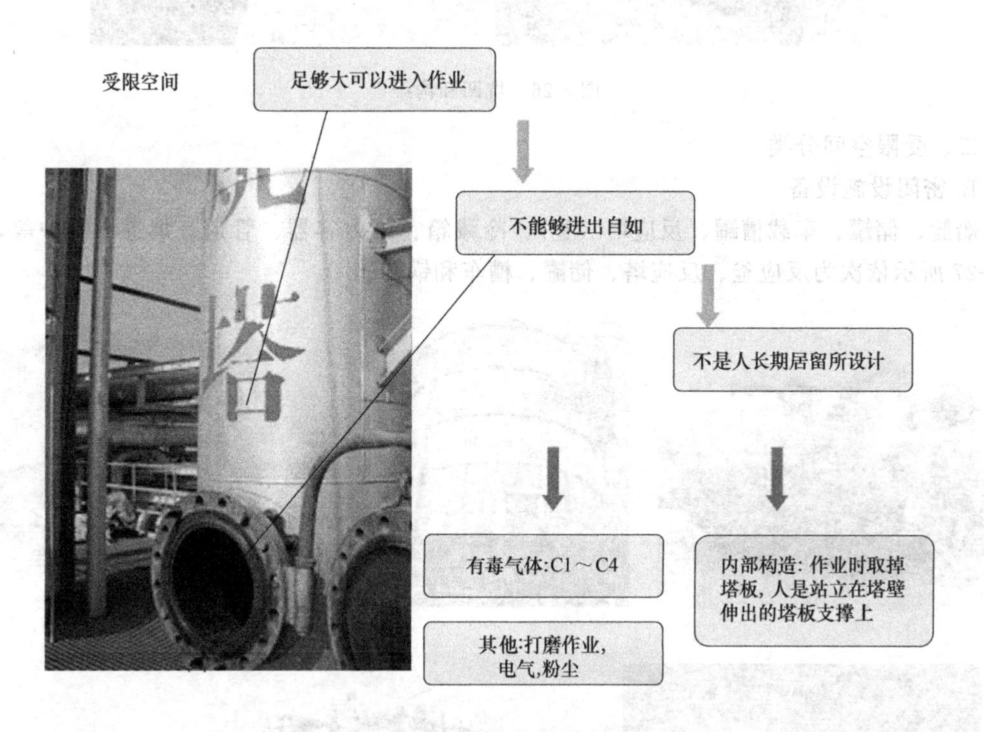

图 3-25　受限空间判别方法

(3) 其他受限空间界定

有些区域或地点不符合受限空间的定义，但是可能会遇到类似于进入受限空间时发生的潜在危害（如把头伸入30cm直径的管道、洞口、氮气吹扫过的罐内）。在这些情况下，应进行工作危害分析，采用进入受限空间作业许可证控制此类作业风险。

① 围堤　符合下列条件的，视为受限空间：高于1.2m的垂直墙壁围堤，且围堤内外没有到顶部的台阶（不利于快速撤离）。

② 动土　符合下列条件之一的动土或开渠，可视为受限空间，如图3-26所示：

a. 动土深度大于1.2m，或作业时人员的头部在地面以下的；

b. 在动土或开渠区域内，身体处于物理或化学危害之中（如地下油气管道、电缆会造成人员油气中毒、火灾爆炸、人员触电等危害）；

c. 在动土或开渠区域内，可能存在比空气重的有毒有害气体；

d. 在动土或开渠区域内，没有撤离通道的（在动土开渠时，必须留有梯子、台阶等一定数量的进出口，用于安全进出）。

图 3-26 坑凹和沟渠

二、受限空间分类

1. 密闭设施设备

船舱、储罐、车载槽罐、反应塔（釜）、冷藏箱、压力容器、管道、烟道、锅炉等，如图 3-27 所示依次为反应釜、反应塔、储罐、槽车和锅炉。

图 3-27 密闭设施设备

2. 地下有限空间

地下管道、地下室、地下仓库、暗沟、地坑、废井、地窖、污水池（井）、沼气池、化粪池、下水道等，如图 3-28 所示。

3. 地上有限空间

储藏室、酒糟池、发酵池、垃圾站、温室、冷库、粮仓、封闭车间、封闭试验室等，如图 3-29 所示。

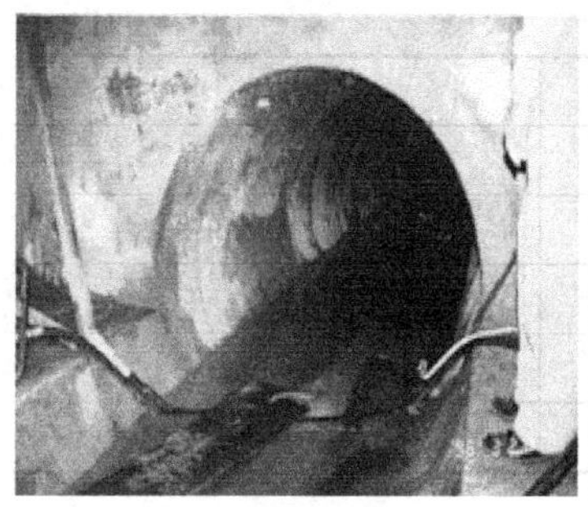

图 3-28 涵洞、地下室和废井

图 3-29 烟道、温室和冷库

三、受限空间危害因素和特点

1. 有限空间危害因素

进入受限空间作业可能存在的危险，包括但不限于以下方面。

(1) 缺氧（空气中的含氧量<19.5%） 正常氧气浓度为19.5%～23.5%。当氧浓度低于19.5%时，缺氧环境的潜在危险会对生命构成威胁，严重时会导致窒息死亡。受限空间通风不良、燃烧或者氧化导致消耗氧气、泄漏的气体或蒸气会使氧气含量下降或被其他可燃物及惰性气体（如氮气）置换等都会引起缺氧。

(2) 富氧 当氧浓度高于23.5%时，产生的富氧环境就会增加燃烧的可能性，从而引发火灾、爆炸事故。受限空间富氧环境的形成一般与氧焊、切割作业有关，如：氧气管破裂及氧气瓶置于受限空间内发生的氧气泄漏、用纯净氧气吹洗密闭空间、吹洗氧气管道方法不当等。

(3) 易燃易爆气体（沼气、氢气、乙炔气或汽油挥发物等） 可燃性气体主要是采用的防腐油漆含有大量挥发性有机溶剂、有可燃性气体泄漏、存放易挥发的危险化学品以及清洗后残留的易燃蒸汽等原因引起的。

可燃性气体或蒸汽在密闭空间中产生并聚积，与空气混合并达到爆炸极限范围，从而形成爆炸性混合气体。如果一旦有点火源存在，就会立即引起爆炸。焊接、电火花，甚至静电都可能成为点火源。

(4) 有毒气体或蒸气（一氧化碳、硫化氢、焊接烟气等） 泄漏的气体或蒸气，有机物分解所产生的一氧化碳、硫化氢都是致命的气体；清洁剂与某些物质反应会产生有毒气体；焊接气割时的不完全燃烧会产生大量一氧化碳，还会产生其他有毒气体。

① 硫化氢（H_2S）对人体的影响，见表3-8。

表 3-8 硫化氢对人体的影响

含量/ppm	状　　态	时间
10	容许浓度	8h
50～100	轻微的眼部和呼吸不适	1h
200～300	明显的眼部和呼吸不适	1h
500～700	意识丧失或死亡	30～60min
>1000	意识丧失或死亡	几分钟

注：1ppm=1×10⁻⁶。

② 一氧化碳（CO）对人体的影响，见表 3-9。

表 3-9 一氧化碳对人体的影响

含量/ppm	状态	时间
50	容许浓度	8h
200	轻度头痛，不适	3h
600	头痛，不适	1h
1000～2000	混乱，恶心，头痛	2h
1000～2000	站立不稳，蹒跚	1.5h
1000～2000	轻度心悸	30min
2000～2500	昏迷，失去知觉	30min

注：1ppm=1×10⁻⁶。

（5）物理危害　包括：极端的温度；噪声；湿滑的作业面；坠落、尖锐锋利的物体。

（6）吞没危险　包括：储存在筒仓或容器中的松散物，如谷物、沙子、煤渣等；管道或阀门中可能释放有害物质；下水道水流。

（7）接触化学品

① 有以下渠道会使人接触并受到化学品的危害：眼/皮肤接触；吸收；吞食；吸入；注射。

② 危害可能会在接触或暴露化学品后几个小时后才显现出来，也有可能会立即表现。

③ 应尽快得到医疗救助。

④ 应事先审核 MSDS 来避免接触毒物。

2. 有限空间作业危害的特点

① 可导致死亡，属高风险作业。

② 有限空间存在的危害，大多数情况下是完全可以预防的。如加强培训教育，完善各项管理制度，严格执行操作规程，配备必要的个人防护用品和应急抢险设备等。

③ 发生的地点形式多样化。如船舱、储罐、管道、地下室、地窖、污水池（井）、沼气池、化粪池、下水道、发酵池等。

④ 一些危害具有隐蔽性并难以探测。

⑤ 可能多种危害共同存在。如有限空间存在硫化氢危害的同时，还存在缺氧危害。

⑥ 某些环境下具有突发性。如开始进入有限空间检测时没有危害，但是在作业过程中突然涌出大量的有毒气体，造成急性中毒。

四、受限空间作业安全设备设施

1. 配备通风设施

通风设施如图 3-30 所示。

图 3-30 通风设施

通风注意事项：

① 机械强制通风，通风次数每小时不得少于 3～5 次；

② 严禁使用纯氧通风换气；

③ 对可能存在可燃、可爆气体机械通风时，应采用防爆通风机械；

④ 使用风机进行强制通风时，要充分考虑有限空间内部机构结构和风管的位置设定，以保障风机的换气效率。

2. 气体浓度检测分析仪

氧浓度、有毒气体、可燃气体浓度检测仪。如：四合一气体检测仪，能同时检测氧气、可燃气体、硫化氢、一氧化碳的含量。超过正常氧含量浓度值、超过正常可燃气体浓度值 10%、硫化氢含量超过 $10mg/m^3$、一氧化碳含量超过 $20mg/m^3$ 时检测仪将会自动报警。

3. 配备个体防护用品

空气呼吸器、长管式防毒面具、救生绳、安全梯等。如图 3-31 所示。

在缺氧、有毒环境下，使用隔离式呼吸器，不能使用过滤式呼吸器；隔离式防毒面具要自供空气（氧气），不能使用染毒空气。

在对受限空间进行初次气体检测或不确定空间内有毒有害气体浓度的情况下，进入者必须穿戴正压呼吸器或长管式呼吸器。

4. 配备安全照明和防爆工器具

① 有限空间作业场所的电气设备设施宜具有防爆、防静电功能，如图 3-32 所示。

② 进入金属容器（炉子、塔、罐等）和特别潮湿、工作场地狭窄的非金属容器内作业，照明电压≤12V。

③ 使用电动工具或照明电压大于 12V 时，应按规定安装漏电保护器，其接线箱（板）严禁带入容器使用。

④ 有限空间内进行焊接作业时，电焊机需加防触电保护器。

图 3-31　空气呼吸器、梯子和救生绳

⑤ 作业人员应穿戴防静电服装，使用防爆工具。

图 3-32　防爆工具

5. 配备应急联络器和消防器材

图 3-33 为应急器材对讲机和灭火器。

图 3-33　对讲机和灭火器

6. 设置醒目的安全警示标识

图 3-34（a）、（b）、（c）为有限空间作业现场安全警示标识的设置。

五、受限空间作业许可证

① 判定作业场所是否为受限空间，如是受限空间，则办理受限空间作业许可证，如图 3-35 所示。

② 受限空间作业许可证填制方法。图 3-36 为受限空间作业许可证。

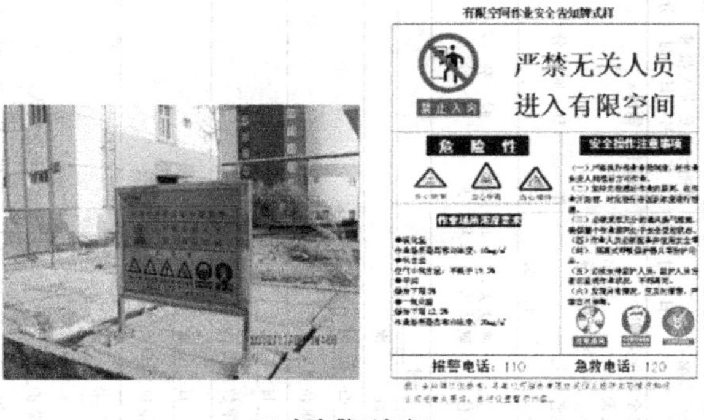

(a) 安全警示标识一

(b) 安全警示标识二

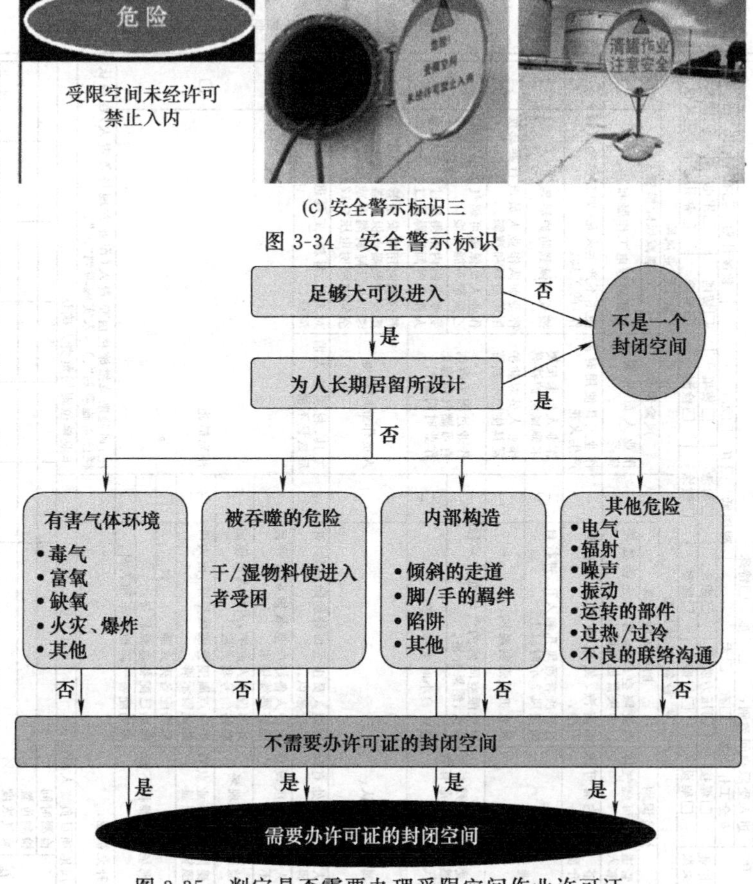

(c) 安全警示标识三

图 3-34 安全警示标识

图 3-35 判定是否需要办理受限空间作业许可证

受限空间作业许可证

编号：B/JZSH 07.004—2011

工作内容	作业单位		属地单位			
	作业区域		作业地点			
	进入工作描述(包括设备、工作内容)：					
	进入受限空间类别： □一般 □特殊					
	安全工作方案 □有 □无	附图纸 □有 □无		救援计划 □有 □无		
作业类型	□焊接 □架设	□压力吹扫 □打磨	□撞击 □喷砂	□清渣 □喷涂	□装填 □检测	□切削 □清洗 □用电 □钻孔 □挖掘 □其他

生产工艺、设备、环境风险			施工作业风险		
风险识别	削减风险措施	确认	风险识别	削减风险措施	确认
管道容器可燃气体窜入	将受限空间与管道连接处用( )块盲板隔断。	□	作业人员着装不规范	穿着防静电工作服和鞋。	□
塔 容器内有可燃介质	用蒸汽、氮气或水彻底处理干净。	□	作业工具使用时易产生火花	使用不产生火花(如有色金属制作)的工具。	□
通风不良	打开所有通风孔和人孔，进行自然通风2小时以上。	□	作业人员未按要求佩戴防护器具	按规定佩戴防护器具。	□
	采取机械强制通风。	□	作业人员对防护器具使用不熟练	作业前队作业人员进行器具使用的培训和演练。	□
受限空间内残存可燃气体和有毒有害气体	对受限空间内的气体进行采样分析，结果合格。	□	作业过程中有时有可燃气体逸出作业时间过长	作业人员佩戴可燃气体报警器，乙炔带不能有接口。	□
	每( )小时采样一次。	□		受限空间内不得超过( )人，每人作业时间不得超过( )分钟。	□
属地工艺确认：			人员作业时触电	符合临时用电安全管理规定，电源应安装漏电保护器，照明电压≤24伏，特别潮湿或金属受限空间内照明电压≤12伏	□
人员出入门处有障碍物	清理人员出入口处的障碍物，并悬挂标识。	□	工具、材料进入前后数量不清	对人员、材料、工具进行登记和清点。	□
人员应急救援设备不全	监护人备好应急救援设备并且能够熟练使用。	□	补充措施：		□
监护人不在现场	外部设专人监护，内外人员规定联络信号和方法。	□			
受限空间作业点周围警示不明显	作业点周围警戒线拉好，出入口处设警示牌。	□			
现场急救器材不够	现场配备灭火器 台。	□			
	现场已配备急救器材。	□			
	现场配备气防抢险车和人员。	□			
补充措施：		□	注：风险削减措施栏由负责人(作业方现场负责人)在确认栏已实施项划“○”，未实施项划“×”。		
属地项目负责人确认：			作业单位现场负责人确认：		

气体检测结果						
检测时间						
检测位置						
氧气浓度 %						
可燃气体浓度%						
有毒气体浓度 ppm（名称 最高允许值 ）						
属地工艺人员：						
属地单位安全监督：						

许可证的签批				
我保证我及我的下属，已经了解本次进入受限空间作业的安全方案和此许可证的相关内容，并保证在作业开始前确认各项安全措施已落实，在作业过程中执行相关安全规定，在作业结束时及时通知属地单位负责人。 作业申请人： 年 月 日 时 分		本人在工作开始前，已掌握本次进入受限空间作业的内容及安全方案，并对作业内容及安全措施进行了现场检查，确认各项安全措施已落实。 属地单位监护人： 年 月 日 时 分 作业单位监护人： 年 月 日 时 分		
会签	我保证作业风险削减措施经过评审并在作业现场得到落实，能够满足作业安全需要。 属地项目负责人： 年 月 日 时 分			
	工艺负责人： 年 月 日 时 分	设备负责人： 年 月 日 时 分	安全监督： 年 月 日 时 分	属地单位负责人批准： 年 月 日 时 分
特殊受限空间作业会签	生产技术处 负责人： 年 月 日 时 分 主管处长 年 月 日 时 分	机动设备处 负责人： 年 月 日 时 分 主管处长 年 月 日 时 分	安全环保处 负责人： 年 月 日 时 分 主管处长 年 月 日 时 分	公司主管领导： 年 月 日 时 分
相关方	本人确认收到许可证，了解作业对本部门的影响。将安排人员对此项工作给与关注和配合。并和相关各方保持联系。		单位： 确认人： 年 月 日 时 分 单位： 确认人： 年 月 日 时 分	
有效期	从___年___月___日___时___分至___年___月___日___时___分			
延期	本许可证是否可以延期 □是 □否 如果是，最多延期次数： 次			
	延期从___年___月___日___时___分至___年___月___日___时___分 作业申请人： 属地监护人： 属地单位负责人：			
	延期从___年___月___日___时___分至___年___月___日___时___分 作业申请人： 属地监护人： 属地单位负责人：			
	延期从___年___月___日___时___分至___年___月___日___时___分 作业申请人： 属地监护人： 属地单位负责人：			
关闭	□许可证到期，同意关闭。 □工作完成，已经确认现场没有遗留任何隐患。并已恢复到正常状态，同意许可证关闭。 作业结束时间： 年 月 日 时 分	申请人： 年 月 日 时 分	属地监护人： 年 月 日 时 分	属地单位负责人： 年 月 日 时 分
取消	因以下原因，此许可证取消：	申请人： 年 月 日 时 分	属地单位负责人： 年 月 日 时 分	

注：1. 此工作票一式两页，第一页属地持有，作业封闭后属地留存，第二页交现场施工。2. 许可证中提出并已检测、落实项目在□内划“○”，不需要落实项“×”，不能空项。3. 每张作业许可证的有效时效为8小时，如工作未完允许延期2次，总时间不能超24小时。

图 3-36 受限空间作业许可证

子情境 3.5 高处作业管理

【任务描述】

某石化公司合成氨装置检修结束后对10m高管线进行保温作业。

任务：识别高处作业风险并填制高处作业许可证。

【任务实施】

步骤一：属地单位配合作业单位进行工作安全分析。

步骤二：相关人员进行培训。

步骤三：根据工作安全分析结果，属地单位配合作业单位编制作业方案。

步骤四：作业方案由属地负责人组织作业人员和相关人员进行审查。

步骤五：现场达到要求后，作业单位负责人申请办理作业许可证、高处作业许可证。

步骤六：由属地负责人组织作业人员和相关人员进行现场检查，确认一切符合安全要求后，签署许可证，实施作业。

步骤七：现场搭设脚手架。

步骤八：施工人员必须佩戴安全带。

步骤九：属地单位负责人和作业单位负责人检查现场确认现场符合要求，许可证关闭，高处作业结束。

【任务评价】

学生测评表见表3-10。

表3-10 学生测评表

组别/姓名		班级		学号	
情境名称		日期			
子情境名称					
测评项目	测评标准	分值	组内评分20%	组外评分30%	教师评分50%
作业许可证	作业许可证办理程序正确	15			
	作业许可证填写准确	15			
人员培训	培训内容全面	10			
脚手架	脚手架搭设符合要求	30			
安全带	符合安全带标准	30			
合计		100			

【知识链接】

一、高处作业概念

高处作业是指人在一定位置为基准的高处进行的作业。国家标准GB/T 3608—2008

《高处作业分级》规定："凡在坠落高度基准面 2m 以上（含 2m）有可能坠落的高处进行作业，都称为高处作业。"如图 3-37 所示。

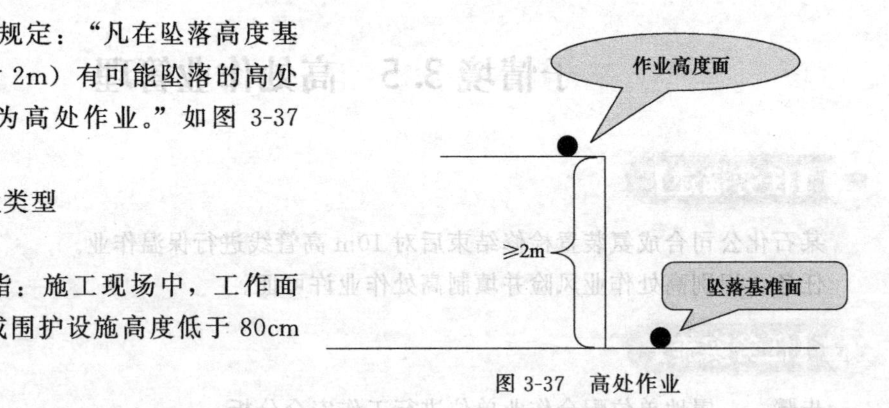

图 3-37 高处作业

二、高处作业类型

1. 临边作业

临边作业是指：施工现场中，工作面边沿无围护设施或围护设施高度低于 80cm 时的高处作业。

2. 洞口作业

洞口作业是指：孔、洞口旁边的高处作业，包括施工现场及通道旁深度在 2m 及 2m 以上的桩孔、沟槽与管道孔洞等边沿作业。

3. 攀登作业

攀登作业是指：借助建筑结构或脚手架上的登高设施或采用梯子或其他登高设施在攀登条件下进行的高处作业。

4. 悬空作业

悬空作业是指：在周边临空状态下进行高处作业，其特点是在操作者无立足点或无牢靠立足点条件下进行高处作业。

5. 交叉作业

交叉作业是指：在施工现场的上下不同层次，于空间贯通状态下同时进行的高处作业。

三、在高处作业中存在的危险隐患

1. 发生地点

发生地点主要包括：临边地带、作业平台、高空吊篮、脚手架、梯子等。

2. 人的行为

人的行为包括：

① 高处作业人员未佩戴（或不规范佩戴）安全带；

② 使用不规范的操作平台；

③ 使用不可靠立足点；

④ 冒险或认识不到危险的存在；

⑤ 身体或心理状况不健康。

3. 管理方面

管理方面包括：

① 未及时为作业人员提供合格的个人防护用品；

② 监督管理不到位或对危险源视而不见；

③ 教育培训（包括安全交底）未落实、不深入或教育效果不佳；

④ 未明示现场危险。

四、高处作业预防措施

控制高空作业风险应通过采取消除坠落危害、坠落预防和坠落控制等措施来实现。高处作业人员应接受培训。患有高血压、心脏病、贫血、癫痫、严重关节炎、手脚残疾、饮酒或服用嗜睡、兴奋等药物的人员及其他禁忌高处作业的人员不得从事高处作业。

1. 消除坠落危害

（1）在作业项目的设计和计划阶段　应评估工作场所和作业过程高处坠落的可能性，制定设计方案，选择安全可靠的工程技术措施和作业方式，避免高处作业。

（2）在设计阶段　应考虑减少或消除攀爬临时梯子的风险，确定提供永久性楼梯和护栏。在安装永久性护栏系统时，应尽可能在地面进行。

（3）在与承包商签订合同阶段　凡涉及高处作业，尤其是屋顶作业、大型设备的施工、架设钢结构等作业，应制定坠落保护计划。

（4）对项目设计人员要求阶段　应能够识别坠落危害，熟悉坠落预防技术、坠落保护设备的结构和操作规程。安全专业人员应在项目规划的早期阶段，推荐合适的坠落保护措施与设备。

2. 坠落预防

（1）如果不能完全消除坠落危害　应通过改善工作场所的作业环境来预防坠落，如安装楼梯、护栏、屏障、行程限制系统、逃生装置等，如图3-38所示。

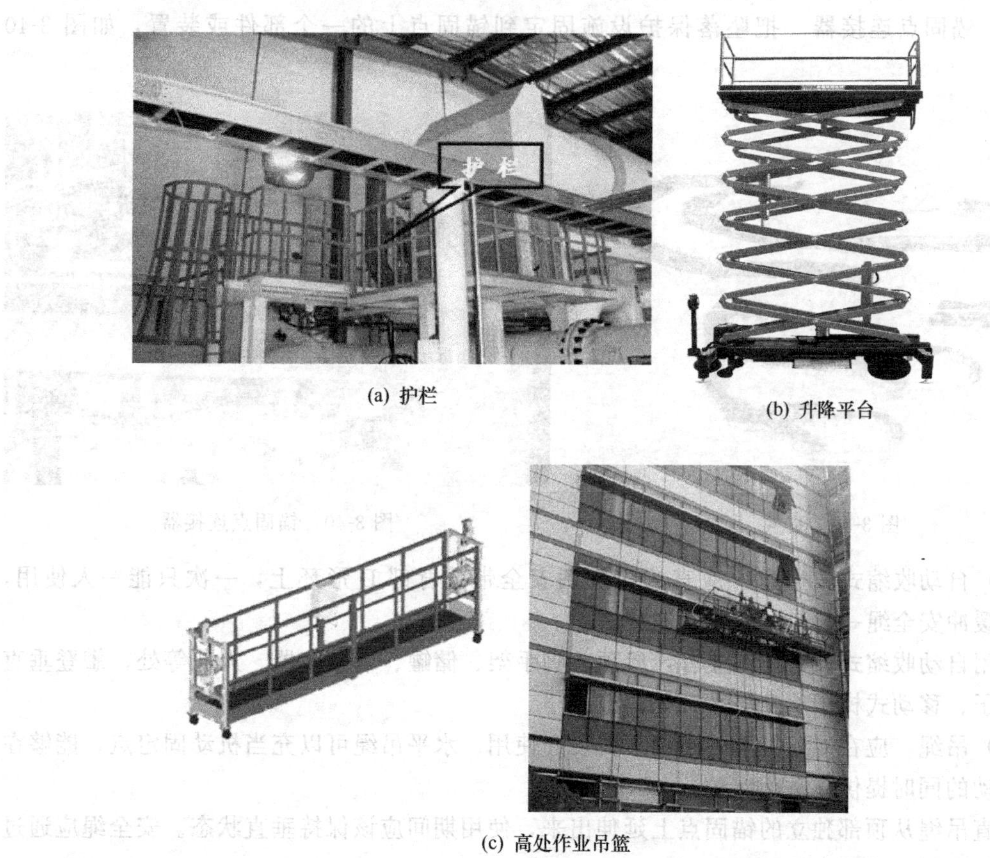

(a) 护栏

(b) 升降平台

(c) 高处作业吊篮

图3-38　改善工作场所的作业环境

（2）应避免临边作业　尽可能在地面预制好装设缆绳、护栏等设施的固定点，避免在高处进行作业。如必须进行临边作业时，必须采取可靠的防护措施。

（3）应预先评估　在合适位置预制锚固点、吊绳及安全带的固定点。

（4）作业平台　尽可能采用脚手架、操作平台和升降机等作为安全作业平台。高空电缆桥架作业（安装和放线）应设置作业平台。

（5）禁止行为

① 禁止在不牢固的结构物（如石棉瓦、木板条等）上进行作业。

② 禁止在平台、孔洞边缘、通道或安全网内休息；楼板上的孔洞应设盖板或围栏。

③ 禁止在屋架、桁架的上弦、支撑、檩条、挑架、挑梁、砌体、不固定的构件上行走或作业。

（6）使用梯子。

3. 坠落控制

如不能完全消除和预防坠落危害，应评估工作场所和作业过程的坠落危害，选择安装使用坠落保护设备，如安全带、安全绳、缓冲器、抓绳器、吊绳、锚固点、安全网等。

应使用个人坠落保护装备。包括锚固点、连接器、全身式安全带、吊绳、带有自锁钩的安全绳、抓绳器、缓冲器、缓冲安全绳或其组合。使用前，应对坠落保护装备的所有附件进行检查。

（1）系索　用于将人员和锚固点或生命线连接在一起的短绳或系带，如图3-39所示。

（2）锚固点连接器　把坠落保护设施固定到锚固点上的一个部件或装置，如图3-40所示。

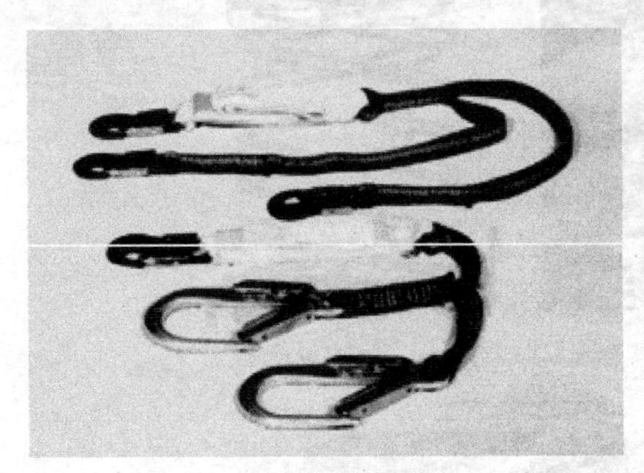

图3-39　系索

图3-40　锚固点连接器

（3）自动收缩式救生索　应直接连接到安全带的背部D形环上，一次只能一人使用，严禁与缓冲安全绳一起使用或与其连接。

使用自动收缩式救生索作业有：屋顶、脚手架、储罐、塔、容器、人孔等处，攀登垂直固定梯子、移动式梯子及升降平台等设施。

（4）吊绳　应在专业人员的指导下安装和使用。水平吊绳可以充当机动固定点，能够在水平移动的同时提供防坠落保护。

垂直吊绳从顶部独立的锚固点上延伸出来，使用期间应该保持垂直状态。安全绳应通过抓绳器装置固定到垂直吊绳上。

（5）全身式安全带　使用前应进行检查，安全带应系在施工作业处的上方牢固构件上，不得系挂在有尖锐棱角的部位。安全带系挂点下方应有足够的净空，如净空不足可短系使用。安全带应高挂低用，不得采用低于肩部水平的系挂方式。禁止用绳子捆在腰部代替全身式安全带。

（6）安全网　安全网是防止坠落的最后措施。使用时应按GB 5725—1997（2009）标准进行安装和坠落测试，满足要求后方可投入使用。安全网应每周至少检查一次磨损、损坏和老化情况。掉入安全网的材料、构件和工具应及时予以清除，安全网如图 3-41 所示。

图 3-41　安全网

安全网是防止坠落的最后措施。使用之前，监护人员和使用者必须确认以下事项：

① 安装或拆除安全网时是否在高处作业；

② 安全网尽可能接近工作面；

③ 保证安全网下方有足够的净空；

④ 安全网应该有足够保护工作面的面积；

⑤ 安全网支撑桩、柱的设计是否能防止坠落人员落在上面。

五、脚手架

1. 脚手架的概念

脚手架是一种临时搭建的、可供人员在其上施工、承载建筑设备和物料的平台。脚手架的搭设既是模板、钢筋和混凝土施工的作业架，也是作业人员的安全防护架，如图 3-42 所示。

(a) 脚手架　　(b) 某装置检修现场脚手架

图 3-42　脚手架

2. 脚手架组件

脚手架组件包括立杆、垫板、剪刀撑、底座等组件，如图 3-43 所示。

3. 脚手架基本规范

① 扣件式钢管脚手架应采用可锻铸制作的扣件，在螺栓拧紧力矩达到 64kN·m 时不得发生破坏。使用时扣件扭力应为 40～65kN·m。脚手架每根钢管的最大质量不应大于 25kg，宜采用直径 48mm×3.5mm 钢管。

② 钢制脚手板应采用 2～3mm 厚的 1 级钢材，每块质量不宜大于 30kg，两端有连接装置（或 4mm 镀锌钢丝箍），板面钻有防滑孔，凡有裂纹、扭曲的不得使用；木脚手板应用厚度不小于 5mm、宽度不小于 20cm 的杉木或松木板，凡是腐朽、扭曲、斜纹、破裂、有虫蛀节疤的不得使用。

③ 立杆底部应设置底座和垫板。必须设置纵、横向扫地杆。纵向扫地杆应采用直角扣件固定在距底座上皮不大于 200mm 处的立杆上。当立杆基础不在同一高度时必须将高处的

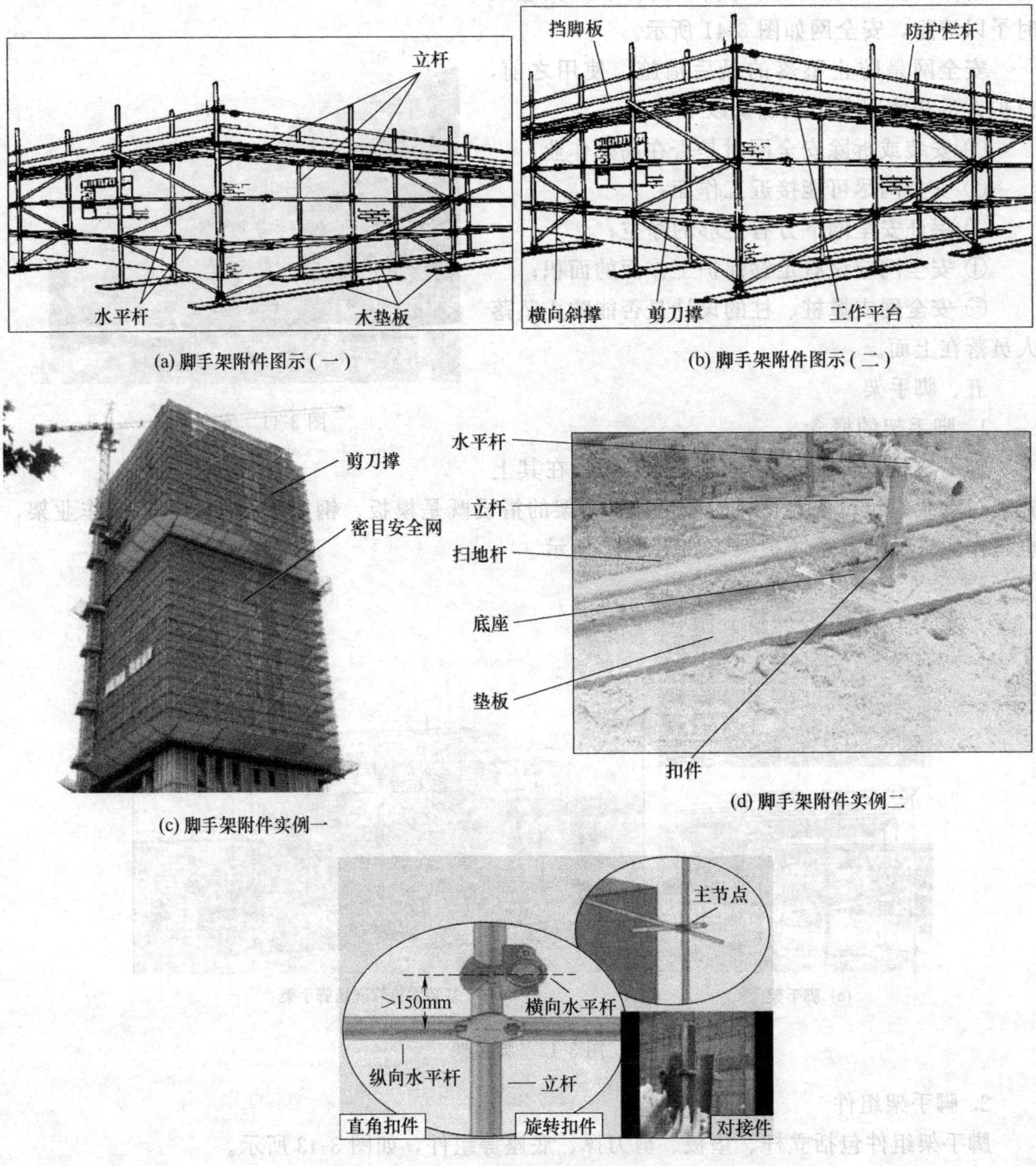

(a) 脚手架附件图示（一）

(b) 脚手架附件图示（二）

(c) 脚手架附件实例一

(d) 脚手架附件实例二

(e) 脚手架附件实例三

图 3-43　脚手架组件

纵向扫地杆向低处延长两跨与立杆固定，高低差不应大于1m，靠边坡上方的立杆轴线到边坡的距离不应小于500mm，脚手架基础要设置排水沟。

④ 立杆跨距不大于2m，立杆步距不大于1.2m，横向水平杆杆间距不大于1.5m；（立杆间距不大于2m，大横杆间距不大于1.2m，小横杆间距不大于1.5m），如图3-44所示。

⑤ 作业层脚手板应铺满、铺稳，脚手板应铺设在三根横向水平杆上，并两端可靠固定。

⑥ 施工层脚手架应设120cm高的上防护栏和60cm高的中护栏以及18cm高的挡脚板，护栏和挡脚板均应搭设在外立杆的内侧。

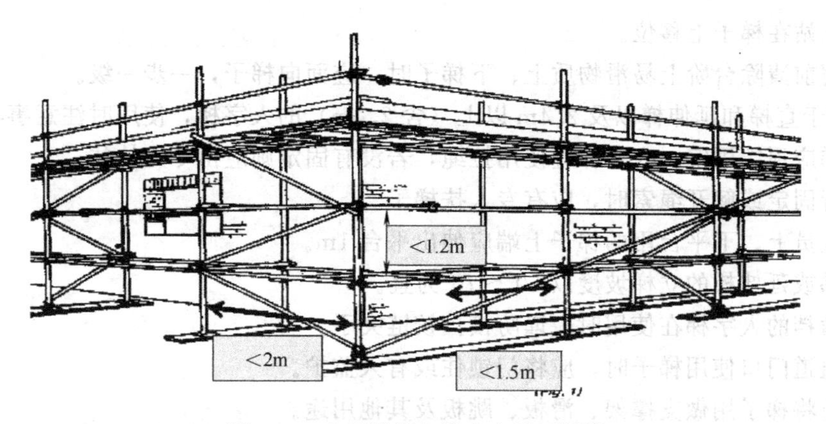

图 3-44 立杆跨距和横向水平杆间距

脚手架检查合格交付使用前，必须在斜道或爬梯入口悬挂绿色警示牌，如图 3-45 所示。

图 3-45 脚手架检查状态标签

六、梯子

1. 常用梯子的种类

梯子包括直梯、伸缩梯、褶梯，有扶手的梯子等，如图 3-46 所示。

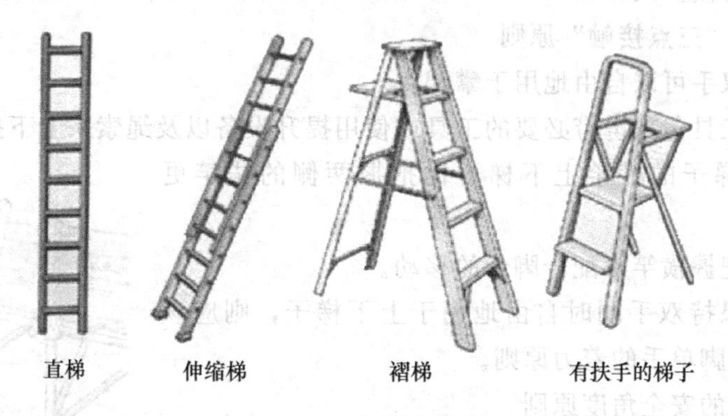

图 3-46 梯子的种类

2. 梯子的通用安全要求

(1) 使用合格的梯子，使用前目视检查

① 禁止使用自制木梯和油漆过的梯子。

② 只允许一个人在梯子上，人字梯允许 2 人在梯子上。

③ 禁止站在梯子上移位。

④ 使用前清除台阶上易滑物质上、下梯子时，应面向梯子，一步一级。

（2）对于直梯和延伸梯以及2.4m以上（含2.4m）的人字梯，使用时注意事项

① 直梯应顶端固定，人字梯应使用拉绳，若没有固定则应由专人扶住。

② 进行固定或解开绳索时，应有专人扶梯子。

③ 供人员上、下平台用的梯子上端应伸出平台1m。

④ 直梯或延伸梯的立梯坡度以60°～70°为宜。

⑤ 有横挡的人字梯在使用时应谨防横挡铰链夹手。

⑥ 在通道门口使用梯子时，应将门锁住或有人监护。

⑦ 禁止将梯子用做支撑架、滑板、跳板及其他用途。

⑧ 梯子最上两级踏步禁止站人，并漆成红色，标识“危险－禁止踩踏”。

⑨ 电气工作或在电线附近工作时应使用专用绝缘梯，禁止使用金属梯子。

（3）上下梯子的行为原则

① 始终面对梯子。

② 脚的位置是重点，将重心通过脚来转移到横竿上，每次只移动一只脚，并只位移一个横挡。

③ 下梯子中最重要的行为原则：慢，先看后下。

④ 注意身体的平衡

a. 过度地向外延展肢体来完成一项动作，会引起身体失衡导致坠落。

b. 如果有需要伸出身体来完成一项作业，应该首先考虑重心问题。

（4）放置梯子遵循“四点接触”原则

① 梯子两个扶手的顶端都牢牢地依靠在坚实的墙体上。

② 两条梯腿稳固地支撑在坚硬、水平、干燥的基础上（不能放在箱子或木块上）。

③ 有可能的话固定梯子支点并由人保护。

④ 确认所有移动工具的电线或绳索都应设置在梯子的内侧，以防绊倒。

⑤ 使用时要有监护人。

（5）登梯遵循“三点接触”原则

① 始终保持双手可以自由地用于攀爬。

② 使用跨肩工具包来携带必要的工具或使用提升设备以及绳索来上下搬运工具或设备。

③ 双手把握梯子的横竿上下梯子比把握两侧的扶竿更安全。

④ 双手交替把握横竿来配合脚步的移动。

⑤ 如果不能保持双手同时自由地用于上下梯子，则应该保持双手单脚或双脚单手的着力原则。

（6）四直一横的安全角度原则

斜梯要符合4∶1的安全角度要求，确保其稳固，如图3-47所示。

3. 梯子的储存

① 不得存在拌跌的危险。在不使用时必须横放，避免倾倒砸伤附近人员。

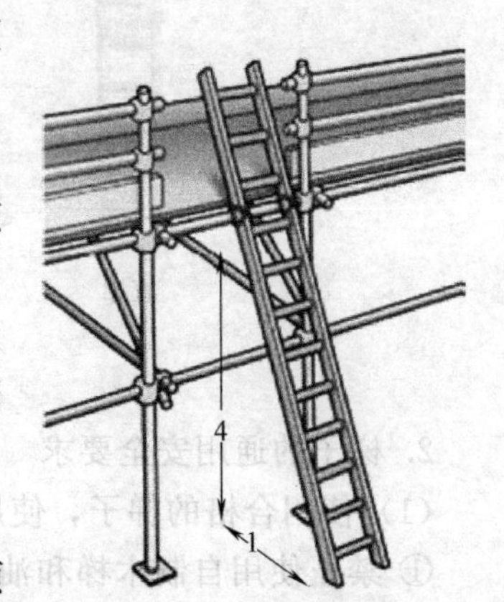

图3-47 斜梯安全角度

高处作业许可证

编号：

作业单位		属地单位	
作业区域		作业地点	
作业类别	□特殊 □一般		
作业内容描述：			
是否附安全工作方案：□是 □否		是否附救援预案：□是 □否	
是否附图纸： □是 □否		图纸说明：	
可能产生的危害： □人员坠落 □物体打击 □机械伤害 □湿滑跌倒 □脚手架坍塌 □中毒窒息 □辐射 □泄漏 □灼烫伤 □临边、孔洞 □防护不当 □个人防护装备缺陷 □其他：			
风险削减措施	确认	风险削减措施	确认
□身体条件符合要求		□设置围栏、警戒线、夜间警示灯	
□着装符合工作要求		□作业前培训其他措施	
□佩戴安全带		□垂直分层作业中间有隔离	
□30米以上作业配备通讯工具		□梯子符合安全要求	
□有坠落防护设施		□在非承重物上作业时搭设承重板	
□携带工具袋		□员工清楚坠落风险	
□作业点照明充足		□其他	
作业单位现场负责人确认：			
注：风险削减措施栏由作业方现场负责人在需实施项序号划“○”，在不需实施项序号划“×”，监护人在确认栏已实施项划“○”，未实施项划“×”，前后必须一致。			

作业单位（现场）负责人	我保证阅读理解并遵照执行安全方案和此许可证，并在作业过程中负责落实各项风险削减措施，在工作结束时通知属地单位负责人。确认本单位在属地施工人员身体条件满足高处作业的安全要求。 作业单位（现场）负责人： 年 月 日 时 分		
作业现场双方监护	本人已阅读许可并且确信所有条件都满足，并承诺坚守现场。 作业单位监护人： 年 月 日 时 分 属地单位监护人： 年 月 日 时 分		
批准	我已经审核过本许可证的相关文件，并确认符合公司高处安全管理办法的要求，同时我与相关人员一同检查过现场并同意作业安全方案，因此，我同意作业。		
	属地设备管理人员 年 月 日	属地安全监督 年 月 日	车间主任 年 月 日
交叉作业涉及的其他相关方	本人确认收到许可证，了解该项目的安全管理要求及对本单位的影响，将安排相关人员对此项目给予关注，并和相关各方保持联系。 单位： 确认人： 年 月 日 时 分 单位： 确认人： 年 月 日 时 分		
有效期：从___年___月___日___时___分到___年___月___日___时___分			
本许可证是否可以延期 □是 □否 最多延期次数： 次			
延期有效期：从___年___月___日___时到___年___月___日___时 作业申请人： 监护人： 作业批准人：			
延期有效期：从___年___月___日___时到___年___月___日___时 作业申请人： 监护人： 作业批准人：			
关闭	□许可证到期，同意关闭。 □工作完成，已经确认现场没有遗留任何隐患，并已恢复到正常状态，同意许可证关闭。 作业结束时间： 年 月 日 时 分	作业申请人： 年 月 日 时 分	监护人： 年 月 日 时 分 批准人： 年 月 日 时 分
取消	因以下原因，此许可证取消：		作业申请人： 相 关 方： 批 准 人： 年 月 日 时 分

注：1. 作业单位项目负责人填写许可证中作业单位、属地单位、作业区域、作业地点、作业类别、作业内容描述、是否附安全工作方案、是否附图纸、可能产生的危害、风险削减措施等栏。
2. 作业结束时间由属地单位监护人填写。
3. 延期作业说明：在线高处作业一次延时8小时；作业部位所在单元交接或部分交出，一次延时一天；全部交出，可根据工作时间延至一周。
4. 许可证取消原因由作业批准人填写。
5. 一式两联，第一联车间留存。

图 3-48 高处作业许可证

② 不宜置于室外储存，应置于通风干燥区域。

4. 梯子的搬运

① 延升梯应该收缩固定后搬运。

② 人字梯应该合拢后搬运。

③ 搬运时始终保持梯身与地面平行。

④ 由两人搬运长梯及质量超过 25kg 的梯子。

5. 梯子的检查

任何人在使用梯子前都应作适当的检查。检查内容：

① 梯子的长度是否适合该项工作；

② 目视检查梯子的安全性，看是否破损、断裂、或短少横木；

③ 目视检查安全绳的安全性；

④ 确认有无良好的安全止滑脚；

⑤ 确认直梯及延伸梯的止滑脚是否良好；

⑥ 确认梯子有无年度检查标示；

⑦ 观察横竿或踏板是否有异常并检查以下项目：限位器是否完好；梯身是否有裂缝；结构是否有开裂；明显的材料疲倦现象；腐蚀和变形 ；是否有泥土，机油或油脂附着。

七、高处作业许可证

高处作业许可证如图 3-48 所示。

子情境 3.6　管线打开作业管理

【任务描述】

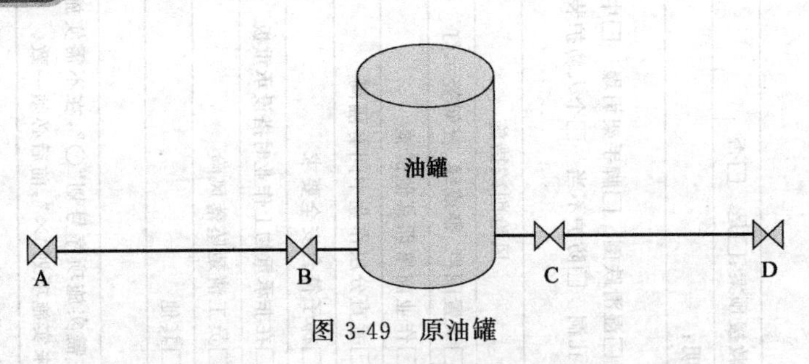

图 3-49　原油罐

为了清理原油罐需进行盲板隔离，实施管线打开，如图 3-49 所示。

任务：识别该作业风险并填制管线打开作业许可证。

【任务实施】

步骤一：属地单位为了清罐，对罐进出口阀门管线打开，实施盲板隔离和作业单位进行交底。

步骤二：属地单位配合作业单位进行工作安全分析。

步骤三：作业方案由属地负责人组织作业人员和相关人员进行审查。

步骤四：作业方案审查通过，属地单位安排人员依据方案进行清理管线和隔离。

步骤五：现场达到要求后，作业单位负责人申请办理作业许可证、管线/设备打开作业许可证。

步骤六：由属地负责人组织作业人员和相关人员进行现场检查，确认一切符合安全要求后，签署许可证，实施作业。

步骤七：施工作业人员对现场实施上锁挂牌。

步骤八：作业人员进行管线打开作业，实施盲板隔离措施。

步骤九：现场盲板隔离完毕后，实施油罐清理，具体执行《受限空间管理程序》。

步骤十：油罐清理完毕，由作业人员拆除盲板，确定系统恢复正常。

步骤十一：属地单位负责人和作业单位负责人检查现场确认管线可安全操作，现场符合要求，许可证关闭，管线打开作业结束。

【任务评价】

学生测评表见表3-11。

表3-11　学生测评表

组别/姓名		班级		学号	
情境名称		日期			
子情境名称					
测评项目	测评标准	分值	组内评分 20%	组外评分 30%	教师评分 50%
作业许可证	作业许可证办理程序正确	15			
	作业许可证填写准确	15			
人员培训	培训内容全面	10			
盲板隔离	管线清理符合要求	10			
	上锁挂签符合要求	10			
采样分析	采样分析操作正确	10			
个人防护	个人防护正确	10			
拆除盲板	油罐清理符合要求	10			
	拆除盲板符合相关要求	10			
合计		100			

【知识链接】

一、概念

1. 管线打开

是指采取任何方式改变封闭管线或设备及其附件的完整性，包括通过火焰加热、打磨、切割或钻孔等方式使一个管线的组成部分形体分离，如图3-50所示。

图3-50　管线打开作业

2. 危险物料

因其化学、物理或毒性特性，能够产生或带来危害的物质。如：腐蚀物、有毒液体/固体、有毒/挥发气体、热介质（≥60℃）、低温介质、氧化剂、易燃物、高压系统中介质和窒息物。

3. 清洁管线

符合下列三项条件的为清洁管线：

① 系统温度低于60℃，高于－10℃；

② 已达到大气压力；

③ 管线内介质的毒性、腐蚀性、易燃性等危险已减低到可接受的水平（以化学物质安全技术说明书为准）。

4. 受控排放

在两个截止阀之间设排放口，排放口装有截止阀并保持敞开，或在两个截止阀之间装压力表检测阀间压力，如图3-51所示。

5. 双重隔离

凡符合下列条件之一的即为双重隔离：

① 双阀—导淋：双截止阀关闭、双阀之间的导淋常开；

② 截止阀加盲板或盲法兰。

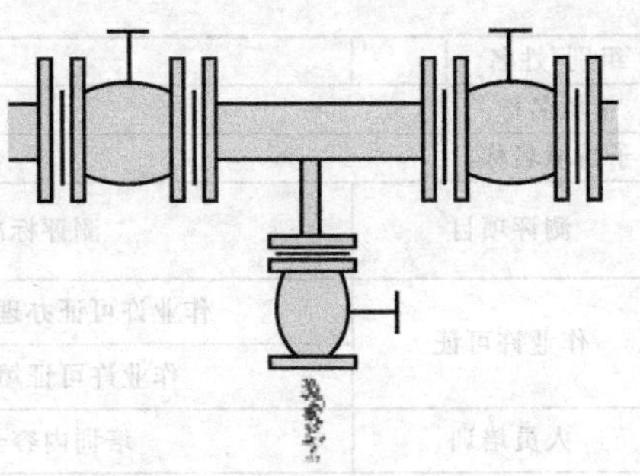

图3-51 受控排放示意图

二、管线打开作业

管线打开作业是指采取下列方式（包括但不限于）改变封闭管线或设备及其附件的完整性。

① 解开法兰，如图3-52所示。

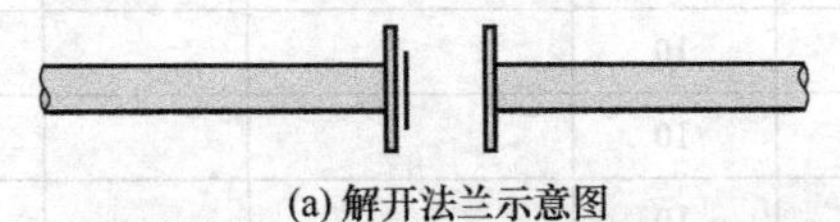

(a) 解开法兰示意图

(b) 解开法兰实物

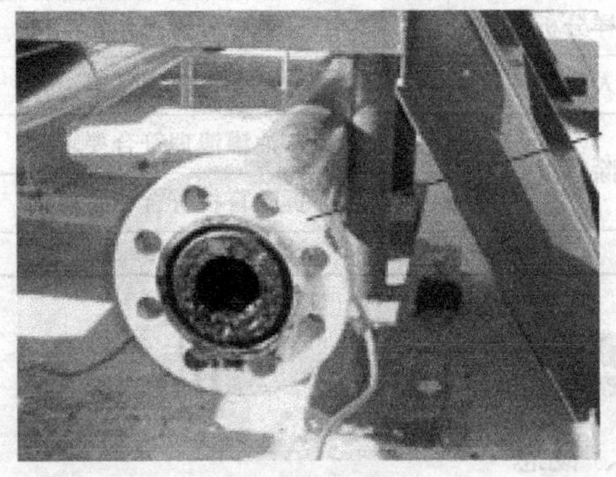

(c) 断开法兰连接

图3-52 解开法兰

② 从法兰上去掉一个或多个螺栓，如图3-53所示。

③ 打开阀盖或拆除阀门，如图3-54所示。

④ 去除阀帽和单向阀的盖子，如图3-55所示。

⑤ 转换八字盲板，如图3-56所示。

⑥ 打开管接、断开细管（活接头），如图3-57所示。

⑦ 去掉盲板、盲法兰、堵头和管帽如图3-58所示。

⑧ 断开仪表、润滑、控制系统管线，如引压管、润滑油管等。断开加料和卸料临时管线（包括任何连接方式的软管），如图3-59所示。

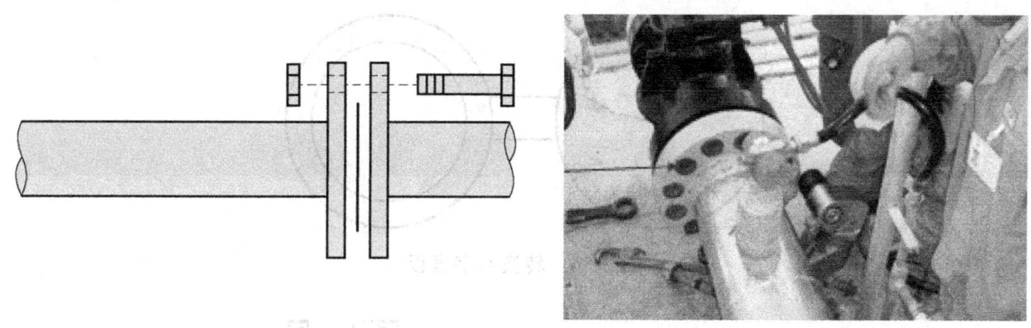

(a) 从法兰上拆螺栓示意图　　(b) 拆除一个或多个螺栓

图 3-53　从法兰上去掉一个或多个螺栓

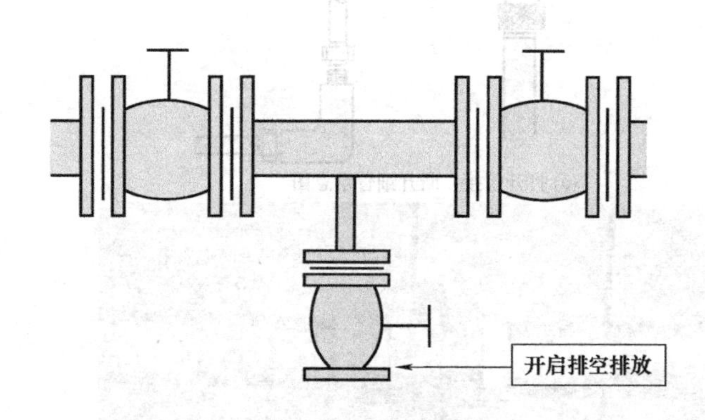

(a) 开启排空排放阀

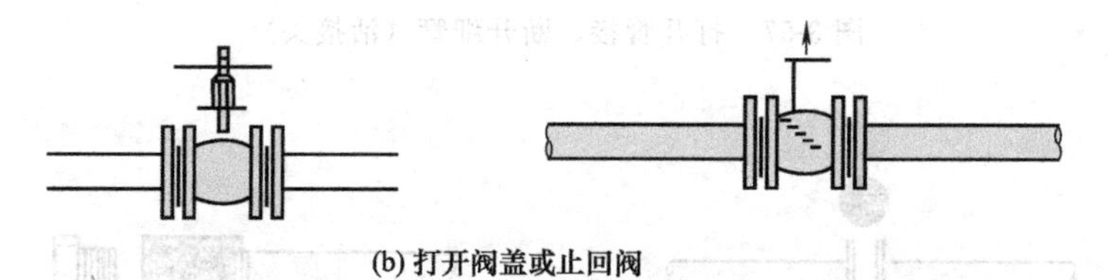

(b) 打开阀盖或止回阀

图 3-54　找开阀盖或拆除阀门

图 3-55　去除阀帽和单向阀的盖子

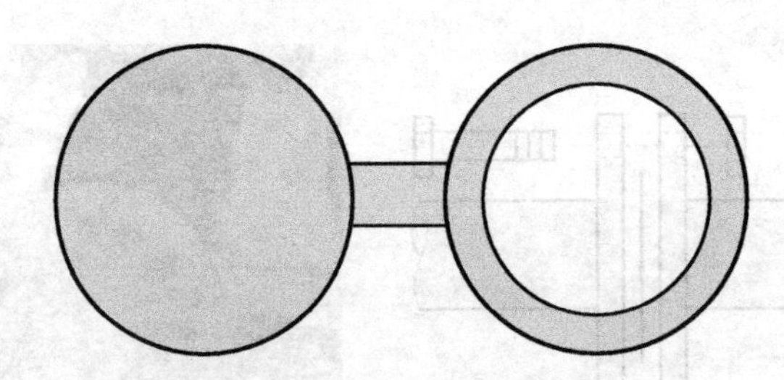

图 3-56　转换八字盲板

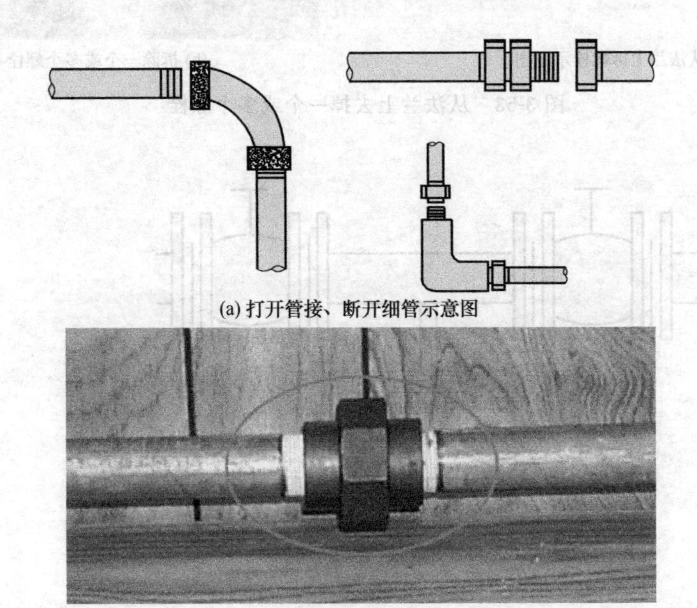

(a) 打开管接、断开细管示意图

(b) 断开活接头

图 3-57　打开管接、断开细管（活接头）

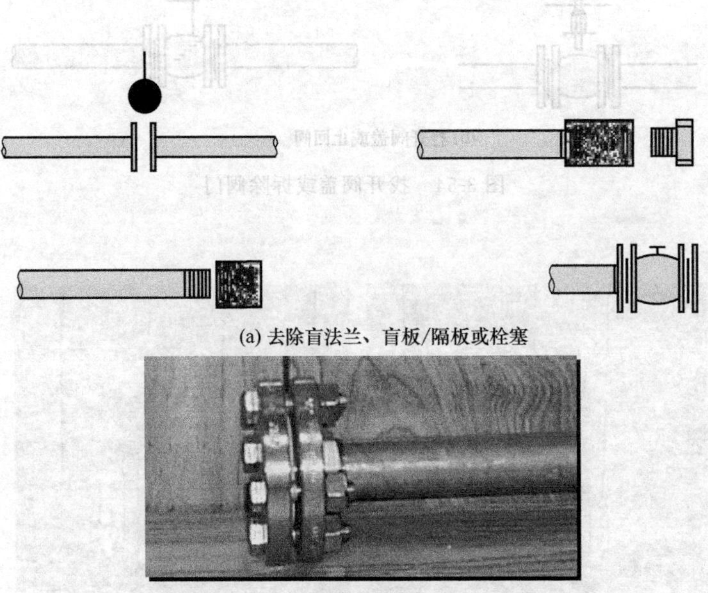

(a) 去除盲法兰、盲板/隔板或栓塞

(b) 移除盲法兰

图 3-58

(c) 移除盲板

(d) 去除管帽

图 3-58　去掉盲板、盲法兰、堵头和管帽

图 3-59　断开装卸料的工艺管道接口

⑨ 用机械方法或其他方法穿透管线。如图 3-60 所示。

⑩ 开启检查孔，如图 3-61 所示。

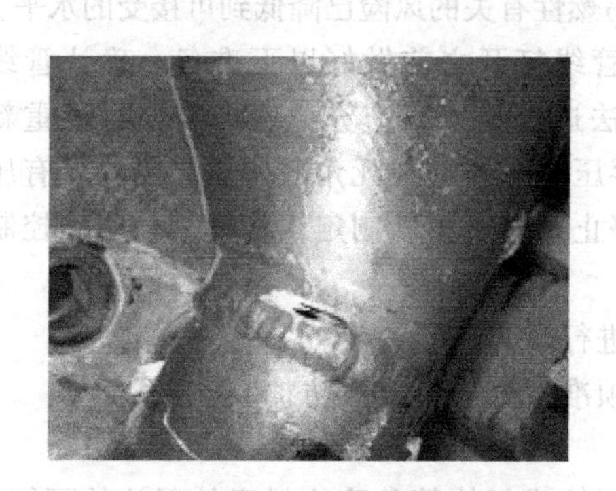

图 3-60　用机械方法或其他方法穿透管线

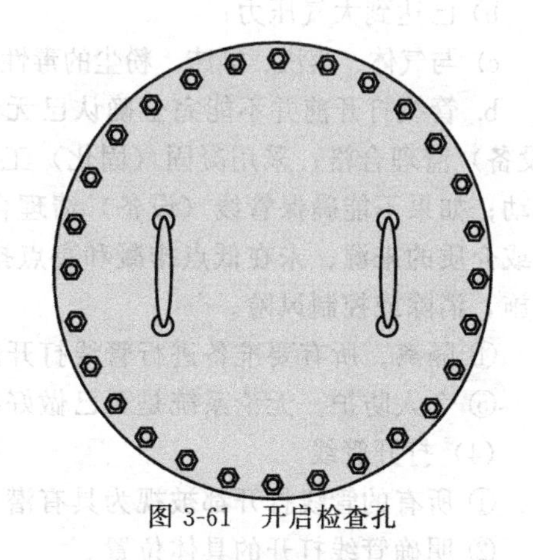

图 3-61　开启检查孔

三、管线打开作业现场管理要求

1. 基本要求

① 管线打开实行作业许可。含有剧毒介质、超高压介质、高温介质等的特殊情况下的管线打开，需要同时办理管线打开许可证。

② 根据管线打开作业风险的大小，确定需要办理管线打开作业许可证的范围。

③ 管线打开前应进行风险评估，采取安全措施，必要时制定安全工作方案和应急预案。

④ 涉及高处作业、动火作业、进入受限空间等的管线打开作业，应同时办理相关作业许可证。

⑤ 凡是没有办理作业许可证，没有按要求编制安全工作方案，没有落实安全措施，一律禁止管线打开作业。

2. 设计要求

在项目的设计阶段，即应考虑消除或降低因管线打开产生的风险，需要考虑的隔离和清理内容如下。

(1) 选择隔离的优先次序为：

① 双截止阀；

② 单截止阀；

③ 凝固（固化）工艺介质；

④ 其他。

(2) 应考虑隔离和清理，包括但不限于以下内容：

① 为清理管线增加连接点，同时要考虑可能产生泄漏的风险；

② 能够隔离第二能源。

(3) 作业前准备

① 管线打开作业前，作业单位应进行风险评估，根据风险评估的结果制定相应控制措施，必要时编制安全工作方案。

② 作业前安全工作方案应与所有相关人员沟通，必要时应专门进行培训，确保所有相关人员熟悉相关的HSE要求。

③ 清理。

a. 需要打开的管线或设备必须与系统隔离，其中的物料应采用排尽、冲洗、置换、吹扫等方法除尽。清理合格应符合以下要求：

a) 系统温度介于－10～60℃之间；

b) 已达到大气压力；

c) 与气体、蒸汽、雾沫、粉尘的毒性、腐蚀性、易燃性有关的风险已降低到可接受的水平。

b. 管线打开前并不能完全确认已无危险，应在管线打开之前做好以下准备：确认管线（设备）清理合格；采用凝固（固化）工艺介质的方法进行隔离时应充分考虑介质可能重新流动；如果不能确保管线（设备）清理合格，如残存压力或介质在死角截留、未隔离所有压力或介质的来源、未在低点排凝和高点排空等，应停止工作，重新制定工作计划，明确控制措施，消除或控制风险。

④ 隔离。所有要准备进行管线打开的系统必须进行隔离。

⑤ 个人防护。无论系统是否已做好准备，都必须准备好使用个人防护装备。

(4) 打开管线

① 所有的管线打开都被视为具有潜在的液体、固体或气体等危险物料意外释放的可能。

② 明确管线打开的具体位置。

③ 必要时在受管线打开影响的区域设置路障或警戒线，控制无关人员进入。

④ 管线打开过程中发现现场工作条件与安全工作方案不一致时（如导淋阀堵塞或管线清理不合格），应停止作业，并进行再评估，重新制定安全工作方案，办理相关作业许可证。

⑤ 打开注意事项，如图3-62所示。

a. 人员应避免站在管内物质可能喷出的位置。

b. 从设备/管线最小部分着手，以便有效控制意外发生。

c. 打开管线前从情况的最坏角度考虑管线内泄漏物质的毒性、体积、温度及压力等。

d. 当螺栓严重腐蚀，考虑发生意外时的控制措施。

图 3-62 管线打开注意事项

⑥ 区域控制注意事项。可能喷溅和受影响的区域必须有足够的围栏/围绳和警示，如图3-63所示。围栏的区域大小应考虑被开启设备/管线的尺寸、其中危害物质、可能的意外泄流量、压力以及风向、可能受影响的区域等。无关人员不得进入围栏区域，任何人进入正在进行管线打开的围栏区域内，必须穿着与打开人员一致的防护装备。

图 3-63 围栏

管线/设备打开许可证

附录 A

编号：

作业单位		属地单位	
作业区域		作业地点	
作业人员			
作业内容描述：			
是否附管线打开位置示意图：□是 □否		是否附管线打开安全工作方案：□是 □否	
以上内容为设备确认填写			
危害识别	风险削减措施		
	清理	隔离	液/气泄漏的控制设备
介质：______ □压力 □可燃性 □毒性 □腐蚀性 □液体 □辐射性 □气体 □温度 □第二能源 □其他（请注明）：	□氮气置换 □蒸煮 □空气吹扫 □排气 □化学清洗 □水洗 □泄压 □排液 □气体检测合格 □其他（请注明）：	□双重隔离 □双截止阀 □单截止阀 □凝固（固化）工艺 □已上锁挂牌 □其他（请注明）：	□抽吸系统 □通风系统 □水管 □安全冲淋 □消防车 □泄漏收集桶 □砂袋 □吸油物品 □连接火炬 □救援 □路障/警戒线 □应急预案 □其他（请注明）：
如需采取栏中所列措施划"√"，不需采取的措施划"×"，如栏内所列措施不能满足时，可在空格处填写其他风险削减措施（以上内容为工艺确认填写）			
个人防护装备（施工作业确认填写，属地单位监督管理）			
□安全眼镜	□全封闭眼罩 □耳罩	□安全鞋	□其他
□防静电服装	□安全帽 □安全带	□防毒面罩	
□正压式呼吸器	□化学防护服 □手套	□防火隔热服	
确认审批	我保证作业风险削减措施经过评审并在作业现场得到落实，能够满足作业安全需要。当班班长： 年 月 日 时		
	属地单位工艺确认： 年 月 日 时	属地单位设备确认： 年 月 日 时	属地单位安全管理确认： 年 月 日 时

作业单位现场负责人	我保证我及我的员工，阅读理解并遵照执行工作计划和此许可证，并在管线/设备打开过程中负责落实各项安全措施，在管线打开工作结束时通知属地单位负责人。 现场负责人： 年 月 日 时
作业人/作业负责人	本人在工作开始前，已掌握本次管线/设备打开作业的内容及安全方案，并对作业内容及安全措施进行了现场检查，确认各项安全措施已落实 作业人： 年 月 日 时
监护人	本人在工作开始前，已掌握本次管线/设备打开作业的内容及安全方案，并对作业内容及安全措施进行了现场检查，确认各项安全措施已落实。 作业单位监护人： 属地单位监护人： 年 月 日 时
相关方	本人确认阅知了此许可证，了解工作对本单位的影响，将安排人员对此项工作给予关注，并和相关各方保持联系。 单位： 确认人： 单位： 确认人：
有效期：从	年 月 日 时至 年 月 日 时
属地批准	
延期作业说明：管线/设备在线打开。一次延时一个班次；作业部位所在单元交接或部分交出，一次延时一天；全部交出，可根据工作时间延至一周。	
延期	本许可证是否可以延期 □是 □否 最多延期次数： 次
	延期有效期：从 年 月 日 时至 年 月 日 时 申请人： 相关方： 批准人
	延期有效期：从 年 月 日 时至 年 月 日 时 申请人： 相关方： 批准人
关闭	□许可证到期 □工作结束，已经确认现场没有遗留任何安全隐患，并恢复到正常状态，同意许可证关闭。 申请人： 年 月 日 时 相关方： 年 月 日 时 批准人： 年 月 日 时
取消	因以下原因，此许可证取消： 申请人： 年 月 日 时 相关方： 年 月 日 时 批准人： 年 月 日 时

图 3-64 管线打开作业许可证

(5) 工作交接　当作业需超过一个班时间才能完成时，要进行书面工作交接，工作交接的关键要素包括下列各项。

① 内容：隔离位置、已做的清理、确认方法、设备状况、资料。

② 沟通：系统或设备状况和残留物料危险。

③ 保存：交接资料及签字记录。

④ 在开始作业前，验证系统或设备是可以继续安全地作业。

⑤ 所有涉及作业的人员应在交接班的文件上进行确认。

(6) 作业后的完善工作

① 管线及设备是否可安全操作。

② 环境整洁是否达到标准。

③ 所有残留化学品是否被清理干净。

④ 围绳/栏是否已移除。

四、管线打开作业许可证

管线打开作业许可证如图 3-64 所示。

情境 4

变 更 管 理

【学习目标】

1. 掌握变更管理的概念、分类、目的。
2. 了解工程实际中同类变更基本部件。
3. 掌握一般工艺设备变更的操作程序。

【能力目标】

1. 能进行变更类型的识别。
2. 能进行变更的风险识别及控制。
3. 能针对具体项目准确实施变更。

【概论】

炼化企业属于高危行业，容易发生各种危害事故，变更是发生安全事故的最主要原因，只有每一名从事生产管理和操作的人员认识到“变更就是风险”，认真地控制每一次变更，即变更前分析变更所能产生的风险，制定切实可行的控制措施，执行变更时同时执行风险控制措施，保证每个环节每一次变更的安全，才能保证整个装置安全生产和整个企业的安全生产。如果变更管理上出现失误，就会酿成重大事故。

子情境 4.1　识别装置变更管理类型

【任务描述】

一台冷冻机，设计参数为：压力 20kgf/cm²，入口温度不低于－40℃，出口温度不高于140℃，材质不锈钢，介质氨气。操作参数为：压力 15kgf/cm²，入口温度不低于－25℃，出口温度不高于 120℃。现更换设备附件如下。

① 冷冻机入口闸阀，*DN*60、*PG*20kgf/cm²、材质不锈钢，更换为非原厂生产的不锈钢闸阀，*DN*60、*PG*20kgf/cm²。

② 冷冻机入口闸阀，*DN*100、*PG*20kgf/cm²、材质不锈钢，更换为不锈钢闸阀，*DN*100、*PG*35kgf/cm²。

③ 出口压力表更换，原压力表量程 0～20kgf/cm²，更换为 0～50kgf/cm²。

④ 安全阀排空线延长，原管线碳钢 *DN*80，长 10m，更换为不锈钢 *DN*60 管线长 10m。

根据以上设备发生的改造内容，正确判断装置改造变更类型。

【任务实施】

步骤一：准备工作。

① 识别冷冻机更换前后各项设备的性能指数

② 制定识别变更类型工作方案

步骤二：变更类型识别。

任务 1　将冷冻机出口闸阀，$DN60$、$PG20kgf/cm^2$、材质不锈钢，更换为非原厂家生产不锈钢闸阀，$DN60$、$PG20kgf/cm^2$。

根据变更管理程序要求对变更进行分析：本项目中闸阀材质、型号（性能参数）没发生变化，属于同类替换，不执行变更管理程序。

任务 2　冷冻机出口闸阀，$DN60$、$PG20kgf/cm^2$、材质不锈钢，更换为不锈钢闸阀，$DN60$、$PG35kgf/cm^2$。

根据变更管理程序要求对变更进行分析：认为本项目中闸阀的性能数据发生变化，涉及设备的变更，属于微小变更范围。

任务 3　出口压力表更换，原压力表量程 $0\sim20kgf/cm^2$，更换为 $0\sim50kgf/cm^2$。

根据变更管理程序要求对变更进行分析：认为本项目中压力表量程发生变化，涉及设备的变更，属于微小变更范围。

任务 4　安全阀排空线延长，原管线碳钢 $DN80$、长 10m，更换为不锈钢 $DN60$、长 10m 管线。

根据变更管理程序要求对变更进行分析：认为本项目管中安全阀排空管线材质发生改变，涉及工艺设备的变更，属于工艺设备变更范围。

步骤三：任务实施情况总结。

【任务评价】

变更管理类型识别考核评价标准见表 4-1。

表 4-1　变更管理类型识别评价表

序号	评分要素	标准分		评分标准	得分	备注
1	准备工作是否齐全	10		人员、资料缺一项扣 2 分		
2	是否准确判定变更类型	任务 1	20	判断错误一项扣 20 分		
		任务 2	20			
		任务 3	20			
		任务 4	20			
3	变更类型识别总结	10		无总结扣 10 分		
合计		100				

【知识链接】

一、变更管理基本术语

1. 变更

变更是指由于功能、设计或施工材料改变而引起的设施、设备和工艺的修改或改造。

2. 工艺和设备变更管理

各单位生产运行、检维修、开停工、技改技措等过程中的工艺设备变更管理。变更管理是一项团队工作，每一个变更都应成立一个小组。将涉及以下部门：装置/运行单元、维修部门、安全环保部门、工程设计部门和采购部门。

3. 一般工艺设备变更

涉及工艺技术、设备设施、工艺参数等未超出设计范围的改变，影响较大的变更。如图 4-1 所示。

图 4-1　一般工艺设备变更

4. 重大工艺设备变更

涉及工艺技术、设备设施、工艺参数等超出现有设计范围的改变（如压力等级改变、压力报警值改变等）。如图 4-2 所示。

图 4-2　重大工艺设备变更

5. 微小变更

影响较小，不造成任何工艺、设计参数等的改变，但又不是同类替换的变更，即“在现有设计范围内的改变”。如图 4-3 所示

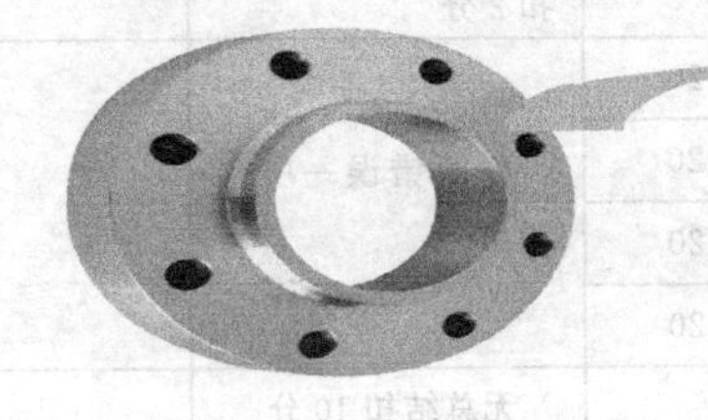

图 4-3　微小变更

6. 同类替换

符合原设计规格的更换。如图 4-4 所示。

7. 人员变更

是指员工岗位发生变化，包括永久变动和临时承担有关工作。表现形式有：调离、调入、转岗、替岗等。

图 4-4　同类替换

8. 关键岗位

指与风险控制直接相关的管理、操作、检维修作业等重要岗位。此类岗位会因人员的变动而造成岗位经验缺失、岗位操作熟练程度降低，可能导致人员伤亡或不可逆的健康伤害、重大财产损失、严重环境影响等事故。

9. MOC

指变更管理的英文缩写，即 Management of change（MOC）

二、实施变更的目的及意义

① 控制工艺、设备变更过程中的风险。

② 规范工艺、设备变更管理流程。

③ 确保变更前、过程中和变更后符合 HSE 运行控制标准。

④ 防范变更引发的事故发生。

三、变更的分类及相互关系

变更按其内容和影响范围实施分类管理，基本类型包括工艺设备变更、微小变更和同类替换。工艺设备变更又分为一般工艺设备变更和重大工艺设备变更。如图 4-5 所示。

变更在实际生产工作中大致可以分为人员变更、生产操作变更、设备变更、操作环境变更、突发事件变更等形式。

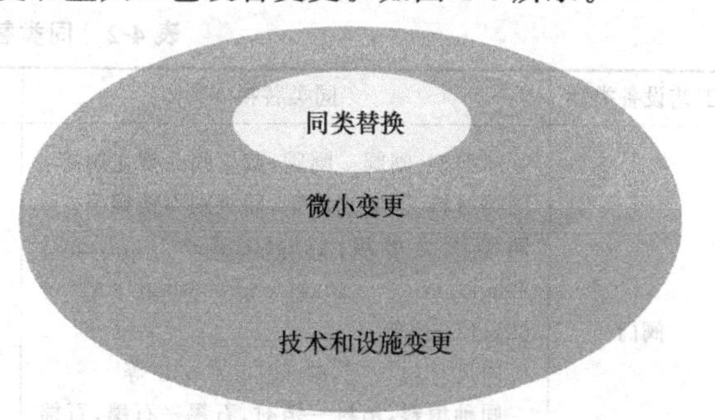

图 4-5　变更关系图

1. 人员变更内容及控制

人员变更包括班组人员替岗、班组人员数量变动和男女比例变化、新员工上岗、外来人员来装置进行作业等情况。

2. 生产操作变更内容及控制

生产实际中生产操作变更包括装置开停工、重要运行方案调整、设备故障处理、局部设备切除或投用、设备开停与切换、装置提降量、工艺流程变更以及经常进行的一般操作变更等。按照有关规定，生产变更时严格执行四级变动。即装置开停工、重要运行方案调整等列为一级；重要技改技措项目投用和关键设备维修列为二级；主要工艺设备的开停和切换，一般技术改造项目或设备的投产，主要仪表电气设备维修等操作列为三级；经常进行的一般操作变动，如正常设备切换、采样、脱水等列为四级。

① 一级操作变更的规程，由车间上报专业厂审核，再由专业厂填报操作变动审批单，连同规程一并送交专业管理部门审核，最后由公司主管领导批准。

② 二级操作变更由车间填报操作变动审批单，并附规程，送交专业厂和主管专业部门审核批准。

③ 三级操作变更由装置技术人员填报操作变动审批单，并附经车间审核的规程，送交专业厂批准。

④ 四级操作变更由装置技术人员填报操作变动审批单，并附规程，由车间领导批准。

在方案执行过程中，由车间领导和技术人员到现场组织实施，进行监督、检查和控制，防止操作失误。操作人员严格按照规程执行每一个操作动作，并做出标记确认，保证正确操作。

3. 设备变更内容及控制

设备变更主要是指动设备和静设备的检维修作业等。在日常工作中主要包括作业过程中的现场监护，作业前的作业风险分析和作业后的检查确认。

① 加强作业过程中的现场监护。

② 动设备作业主要是修理机泵及空冷风机。

4. 生产操作环境变更内容及控制

生产操作环境变更主要是指可能对现有的生产运行状态产生影响的暴雨、暴雪、大风、强降温等恶劣天气和冬季等。为应对恶劣天气可能对生产造成的影响，有针对性地编制出预案，并组织学习，以便在出现这些情况时，能很好地应对。如：夏季编制了《暴雨和防汛预案》，冬季编制了《冬季操作规定》和《暴风雪预案》。

5. 突发事件变更内容及控制

突发事件变更是指在正常生产时突发的停水、电、汽、风和发生的火灾、爆炸、中毒、泄漏、环境污染等情况。车间对突发事件编制了应急预案和事故处理操作卡。

四、同类替换

同类替换不执行变更管理程序。同类替换部件如表4-2所示．

表 4-2 同类替换部件

工艺设备类型	同类替换	非同类替换(变更)
阀门	同类型:闸阀—闸阀,截止阀—截止阀等 同类材料:同级别碳钢,同级别不锈钢等 同等压力等级:15kgf/cm² — 15kgf/cm²,30kgf/cm² — 30kgf/cm²,60kgf/cm² — 60kgf/cm² 等 同尺寸:4″—4″,6″—6″,10″—10″等 同种填料:箔衬—箔衬,石墨—石墨,石棉绳—石棉绳 批准的供应商	不同类型:闸阀—截止阀,闸阀—球阀等 不同材料:碳钢—不锈钢,碳钢—铬钢等 不同压力等级:30kgf/cm² — 15kgf/cm²,30kgf/cm² — 45kgf/cm²,30kgf/cm² — 60kgf/cm² 等 不同尺寸:4″—6″,6″—8″,10″—12″等 不同填料:石墨—非石墨,绳—衬,衬—绳等
管道与法兰	同材料:碳钢—碳钢,不锈钢—不锈钢等 同压力等级:15kgf/cm² — 15kgf/cm²,30kgf/cm² — 30kgf/cm²,60kgf/cm² — 60kgf/cm² 等 同尺寸:4″—4″,6″—6″,10″—10″等 同类法兰密封面:凸面—凸面,对接—对接等 同厚度等级:管线厚度相同 临时管线——只是用在停用的设备上做清洗用途,在设备投运前应将其拆下 批准的供应商	不同材料:碳钢—不锈钢,碳钢—铬钢等 不同压力等级:30kgf/cm²—15kgf/cm²,30kgf/cm² — 45kgf/cm²,30kgf/cm²—60kgf/cm² 等 不同尺寸:4″—6″,6″—8″,10″—12″等 不同法兰密封面:凸面—对接,对接—凸面等 不同厚度等级:管线厚度不相同 临时管线——用于维持运行的、内部有工艺物料的管段,如内部有物料流的临时短管等

子情境4.2 一般工艺设备变更实施

【任务描述】

减压换热器管束及减压塔内件腐蚀严重工艺变更实施。

某公司常减压装置：

① 减压换热器腐蚀严重导致管板之间的焊口泄漏。

② 连续三年发现减压塔内件腐蚀严重，主要表现在：

a. 减三段和汽化段填料腐蚀、缺失严重；

b. 减三段集油箱腐蚀泄漏；

c. 塔壁出现麻点腐蚀和梳齿状沟槽。

③ 加工原油酸值越来越高导致设备腐蚀加剧。

④ 降低减二线铁离子含量，为加氢裂化提供合格原料。

设备腐蚀情况如图4-6所示。经多方考察论证决定，采用变换换热器材质和向减压系统加入高温缓蚀剂的技术，以缓解设备的腐蚀，需要进行变更。

图4-6 减压换热器管束及减压塔内件腐蚀

【任务实施】

一、准备工作

1. 人员准备

① 确定项目负责人。

② 确定MOC小组组长。

③ 确定MOC小组成员包括：工艺员、设备员、电气工程师、缓蚀剂厂家技术人员、安全环保技术人员。

2. 资料准备

①技术方案；②投用方案。

二、工作过程

① 判断变更类别。小组成员根据MOC程序要求对变更进行分析：认为本项目涉及工

艺流程的变更，属于技术变更的范围。

② 召开技术方案评审会。项目负责人、MOC小组成员参照变更检查表查找存在的问题并提出整改建议。

③ 进行变更风险识别及控制。变更对健康、安全、环境的风险识别与控制措施。

④ 技术方案、投用方案和措施调整、完善。依据评审结果对原有技术方案和投用方案进行调整。经过分析和讨论得出以下结论：减压系统注高温缓蚀剂项目不需要做PHA（工艺危害分析）。

⑤ 填写变更申请单。变更管理小组成员和相关成员一同填写变更管理申请单。

⑥ 变更实施及后续工作。

【任务评价】

常减压装置减压换热器腐蚀工艺设备变更考核评价表见表4-3。

表4-3 常减压装置减压换热器腐蚀工艺设备变更考核表

序号	评分要素	标准分	评分标准	得分	备注
1	变更前准备工作是否齐全	10	人员、资料缺一项扣2分		
2	是否准确判定变更类型	10	判断错误扣5分		
3	是否进行变更风险识别与控制	30	缺一项扣5分		
4	是否准确填写变更申请单	15	缺一项扣5分		
5	是否制定变更操作规程	15	无扣10分		
6	是否对变更相关人员进行培训、沟通	10	无扣10分		
7	是否有结项报告	10	无,扣10分		
合计		100			

【知识链接】

为控制和减少由于文件、设计、人员、机构、设备、工艺流程、操作规程等永久性或暂时性变更对健康、安全与环境的有害影响，必须制定变更管理程序，并以文件的形式明确指出归口管理部门。变更管理流程如图4-7所示。

1. 变更管理主要范围

变更管理范围用于以下生产作业过程中的工艺、设备变更，生产运行、检维修作业，开、停工过程、技改、技措及新、改、扩建项目。

2. 变更申请、审批

① 变更申请人应初步判断变更类型、影响因素、范围等情况，按分类做好实施变更前的各项准备工作，提出变更申请。

② 对照申请审批表——变更检查表，查看健康安全环境的影响。健康安全主要考虑工艺设备、原材料、操作、环境的变更对健康、安全的影响。环境影响考虑气体、废液、废弃物排放的变化，对人员、环境的影响。

③ 变更应充分考虑健康安全环境影响，并确认是否需要工艺危害分析。对需要做工艺危害分析的，分析结果应经过审核批准。

④ 变更应实施分级管理。应根据变更影响范围的大小以及所需调配资源的多少，决定变

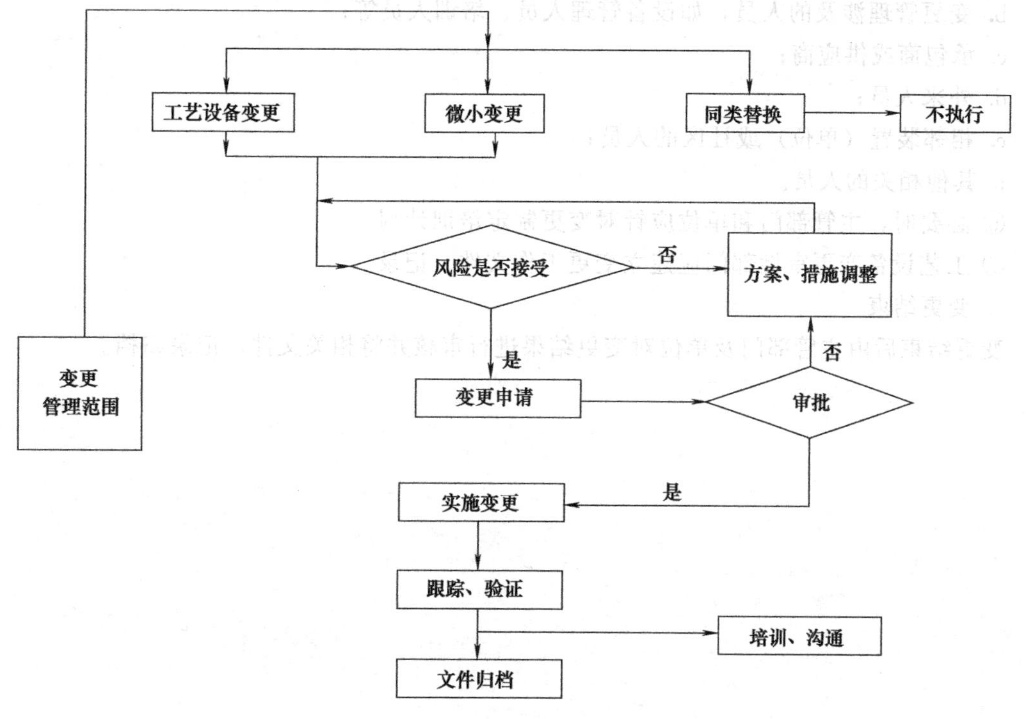

图 4-7　变更管理流程

更审批权限。在满足所有相关工艺安全管理要求的情况下批准人或授权批准人方能批准。

⑤ 变更申请审批内容：a. 变更目的；b. 变更涉及的相关技术资料；c. 变更内容；d. 健康安全环境的影响（确认是否需要工艺危害分析，如需要，应提交符合工艺危害分析管理要求且经批准的工艺危害分析报告）；e. 涉及操作规程修改的，审批时应提交修改后的操作规程；f. 对人员培训和沟通的要求；g. 变更的限制条件（如时间期限、物料数量等）；h. 强制性批准和授权要求。

3. 变更申请实施

① 申请实施一般实行分级管理。公司专业部门组织的工艺设备变更由公司业务主管部门审批。

② 二级单位组织的工艺设备变更由二级单位业务主管部门审批。

③ 微小变更由三级单位审核。

4. 变更实施

① 变更应严格按照变更审批确定的内容和范围实施，主管部门应对变更过程实施跟踪。

② 变更实施若涉及作业许可，应办理作业许可票，具体执行《××公司作业许可管理暂行规定》。

③ 变更实施若涉及启动前安全检查，应进行启动前安全检查，具体执行《××公司启动前安全检查管理暂行规定》。

④ 相关部门和单位应确保变更涉及的所有工艺安全相关资料以及操作规程都得到适当的审查、修改或更新。

⑤ 完成变更的工艺、设备在运行前，应对变更影响或涉及的如下人员进行培训或沟通。

a. 变更所在区域的人员，如维修人员、操作人员等；

b. 变更管理涉及的人员，如设备管理人员、培训人员等；

c. 承包商或供应商；

d. 外来人员；

e. 相邻装置（单位）或社区的人员；

f. 其他相关的人员。

⑥ 必要时，主管部门和单位应针对变更制定培训计划。

⑦ 工艺设备变更审批部门应建立变更工作文件、记录。

5. 变更结束

变更结束后由主管部门及单位对变更结果进行审核并将相关文件、记录归档。

情境 5

典型突发事件应急演练

【学习目标】

1. 掌握典型突发事件的类型、危害。
2. 掌握典型突发事件的应急管理流程。
3. 能熟练掌握报警程序、内容及演练步骤。

【能力目标】

1. 能准确使用空气呼吸器和各种灭火器材。
2. 具备发生突发事件时的应对能力和现场自救和互救能力。
3. 培养团队意识、风险意识。

【概论】

连续化生产的炼油化工企业，生产过程中潜藏着巨大的能量和各类危险源，如果发生火灾、爆炸和有毒有害物质泄漏事故，危害性极大，因此需要针对可能发生的各类事件事故，建立应急救援体系，制定相应的应急预案，开展应急演练活动，通过演练可以直接地掌握各类紧急情况下的现场应急处置方法、报警、报告流程、疏散逃生和现场自救互救方法，在事故发生后，迅速控制事故发展并尽快排除事故，保护现场人员和场外人员的安全，将事故对人员、环境和财产造成的损失降至最低程度。

炼油化工企业是高风险行业，在生产作业过程中的突发事件主要分为以下四类。

（1）突发事故灾难事件　主要包括装置爆炸、火灾、危险化学品事故、管线泄漏、交通运输事故、作业伤害、突发环境污染和生态破坏事件等。

（2）突发自然灾害事件　主要包括洪汛灾害、地震灾害、地质灾害、气象灾害等。

（3）突发公共卫生事件　主要包括突发急性职业中毒事件、重大传染病疫情、重大食物中毒事件和群体性不明原因疾病，以及严重影响公众健康和生命安全的事件。

（4）突发社会安全事件　主要包括群众性事件、恐怖袭击事件和涉外突发事件、油气产品供应事件等。

子情境 5.1　事故专项应急演练

任务 1　事故报警演练

【任务描述】

某石化公司蒸馏车间为了加强员工对报警程序、演练步骤的掌握，提升员工报警的技能，开展此次事故报警演练。

【任务实施】

一、准备工作

① 分析确定演练形式及级别。

② 成立车间应急演练考核小组。

③ 储备应急演练所需的应急物资。

④ 编制应急演练预案。

二、应急演练操作

① 成立应急组织。

总指挥：副班班长。副总指挥：运行工程师。成员：副班操作员。

② 演练注意事项。

a. 此次演练为桌面演练，演练过程不要紧张。

b. 岗位人员在报警过程中要求描述具体准确。

c. 演习过程中对可能真正的紧急情况保持警惕，发现真正紧急事件时，按程序立即终止、取消演习，迅速转入真正应急状态。

③ 报警程序演练过程见表 5-1。

表 5-1　报警程序演练（演练时间 10：30～10：45）

时间	项目	演习内容
10：30	启动应急程序	总指挥下达指令，启动应急程序，演练开始
10：31	报警	DCS内操员报警 报警内容：①起火地点的详细地址；②起火物质种类；③火势情况；④报警人姓名及联系方式 ①蒸馏车间进行应急演练，阐述险情发生地点，请求火警救援。火警电话——××××××，急救报警电话——××××××（厂内）/××××××（厂外），气防报警电话——×××××× ②向生产处报警：电话——××××××，蒸馏车间进行演练，险情发生地点，正在处理中，请帮助协调 ③向车间报警：生产主任电话——××××××，描述具体准确
10：35	拉警戒绳、接警	DCS外操员在事故点周围拉警戒绳 接警 ①汇报接警地点：我在××路××位置接警 ②引消防车到事故点 ③汇报火势情况及灭火情况。有效控制了火情，现火已灭
10：40	任务完成、报告	各岗位装置生产正常，火情得到控制，险情得到控制，具备恢复条件，请指示
10：42	下达指令恢复生产	总指挥下达命令，恢复生产
10：43	预案演练总结、讲评	各组负责人召集参加人员结合列队，由总指挥讲话，对本次预案演练进行讲评
10：45	解散	演练结束

【任务评价】

报警程序内容演练考核评价标准见表 5-2。

表 5-2　报警程序内容演练考核评价标准

序号	评分要素	标准分	评分标准	得分	备注
1	应急物资、设备准备工作是否齐全	15	物料缺一项扣 2 分		
2	应急组织成员分工是否明确、全面	15	缺一项扣 2 分		
3	报警程序内容是否准确	40	缺一项扣 2 分		
4	应急预案是否满足应急要求	10	缺一项扣 2 分		
5	各岗位人员按应急预案操作是否熟练	10	根据具体操作扣分 10 分		
6	是否有应急演练评价总结	10	无，扣 10 分		
合计		100			

任务 2　空气呼吸器和灭火器使用演练

【任务描述】

某石化公司苯乙烯车间的生产情况比较复杂，工艺、设备、化学介质比较繁多，尤其易燃、易爆，有毒、有害种目较多，为了使员工熟练地使用空气呼吸器，正确使用防火、消防器材，提升员工应对突发事件的应对能力，开展此次空气呼吸器和灭火器的使用演练。如图 5-1、图 5-2 所示。

图 5-1　空气呼吸器佩戴示意图

图 5-2　灭火器演练示意图

【任务实施】

一、准备工作

① 分析确定演练形式及级别。

② 成立车间应急演练考核小组。

③ 储备应急演练所需的应急物资。

二、应急演练操作

① 成立应急组织。

总指挥：副班班长。副总指挥：运行工程师。组员：副班操作员。参加人员：班组全体副班员工。

② 注意事项。同任务 1。

③ 演练步骤。佩戴空气呼吸器及灭火器使用演练内容及步骤见表 5-3。

表 5-3 佩戴空气呼吸器、灭火器使用演练内容及步骤

步骤	项 目	项目开始时间
第一步	班长按照预案进行分工	10：30
第二步	DCS 内操向调度、领导汇报情况、请求火警救援	10：31
第三步	外操拉警戒绳、接警及汇报情况	10：35
第四步	各岗操作员进行空气呼吸器的佩戴、灭火器使用	10：45
第五步	演练结束，演练评价	11：00

【任务评价】

佩戴空气呼吸器及灭火器使用演练考核评价标准见表 5-4。

表 5-4 佩戴空气呼吸器及灭火器使用演练考核标准

序号	评分要素	标准分	评分标准	得分	备注
1	应急物资、设备准备工作是否齐全	15	物料缺一项扣 3 分		
2	应急组织成员分工是否明确、全面	10	缺一项扣 2 分		
3	应急预案是否满足应急要求	15	缺一项扣 3 分		
4	佩戴空气呼吸器情况	30	缺一项扣 2 分		
5	使用灭火器情况	30	根据具体操作扣分		
6	是否有应急演练评价总结	10	没有，扣 10 分		
合计		100			

任务 3 疏散逃生演练

【任务描述】

为提高员工的应急操作、紧急逃生、应急自保的综合能力，对企业员工开展发生火灾、爆炸等突发事件的疏散逃生演练。

【任务实施】

一、准备工作

① 分析确定演练形式及级别。

② 成立车间应急演练考核小组。

③ 储备应急演练所需的应急物资。

④ 编制应急演练方案。

二、应急演练操作

① 成立应急组织。

总指挥：班长。副总指挥：副班长、运行工程师。灭火组：×××。疏散组：×××。

救护组：×××。警戒组：×××。成员：全体当班员工。

② 应急演练注意事项。

a. 此次演练为功能演练。

b. 岗位人员在报警过程中要求描述具体准确。

c. 演习过程中对可能真正的紧急情况保持警惕，发现真正紧急事件时，按程序立即终止、取消演习，迅速转入真正应急状态。

③ 火灾疏散逃生应急演练过程。见表5-5。

表5-5　火灾疏散逃生应急演练过程

序号	项　目	演 习 内 容
1	报警及接警	①报警；②接警
2	疏散撤离	①疏散小组成员迅速组织员工有序从最近的安全出口撤离 ②全体员工在紧急集合点集中
3	清点人数	组织人员集合点名，核对集合人员名单，填写演习现场记录
4	安全救护	医务救护组准备好药箱、担架及携带防护用具进入事故现场搜查救护被困人员
5	消防灭火	灭火组立即赶赴起火区域采用灭火器进行火灾扑灭工作
6	汇报灾情处理情况	应急小组长向总指挥汇报灾情处理情况
7	警报解除	①火灾警报解除；②现场救护和灭火演练
8	现场救护和灭火演练	①医务组在集合地点现场示范人工呼吸和心肺复苏法 ②灭火组在集合地点进行手提灭火器及水带灭火演练
9	演习总结和宣布结束	总指挥向全体员工通报火灾警报解除，疏散演习结束

【任务评价】

疏散逃生应急演练考核评价标准见表5-6。

表5-6　疏散逃生应急演练考核标准

序号	评分要素	标准分	评分标准	得分	备注
1	应急物资、设备准备工作是否齐全	10	物料缺一项扣2分		
2	应急组织成员分工是否明确、全面	10	缺一项扣2分		
3	应急预案是否满足应急要求	10	缺一项扣2分		
4	各岗位人员按应急预案操作是否熟练	50	根据具体操作扣分		
5	岗位人员是否佩戴防护用品	10	没有，扣10分		
6	是否有应急演练评价总结	10	无，扣10分		
合计		100			

【知识链接】

一、基本术语

(1) 紧急状态　指需要立即采取某些超出正常工作程序的行动，以避免事故发生或减轻事故后果的状态。

(2) 应急预案　应急预案又称应急计划，是针对可能发生的重大事故或灾害，为保证迅速、有序、有效地开展应急救援行动、降低事故损失而预先制定的行动计划或方案。

（3）应急准备　针对可能发生的事故，为迅速、有序地开展应急行动而预先进行的组织准备和应急保障。

（4）应急响应　事故发生后，有关组织或人员采取的应急行动。

（5）应急救援　在应急响应过程中，为消除、减少事故危害，防止事故扩大或恶化，最大限度地降低事故造成的损失或危害而采取的救援措施或行动。

（6）恢复　事故的影响得到初步控制后，为使生产、工作、生活和生态环境尽快恢复到正常状态而采取的措施或行动。

（7）突发事件　是指突然发生，造成或者可能造成严重社会危害，需要采取应急处置措施予以应对的自然灾害、事故灾难、公共卫生事件和社会安全事件。

（8）事故预防　经过危险辨识、事故后果分析，采用技术和管理手段降低事故发生的可能性且使可能发生的事故控制在局部，防止事故蔓延。

（9）应急处置　一旦发生事故，具有应急处理程序和方法，能快速反应处理故障或将事故消除在萌芽状态。

（10）消防标识　消防标识见图5-3。

疏散通道标识

楼层安全疏散指示灯

安全出口

消防闪灯

消防手动报警器

消火栓标志牌

图5-3　消防标识

二、事故应急预案

1. 应急预案的作用及类别

应急预案确定了应急救援的范围和体系，使应急管理不再无据可依、无章可循。有利于做出及时的应急响应，降低事故后果；是各类突发重大事故的应急基础；建立了与上级单位和部门应急预案的衔接，可以确保当发生超过应急能力的重大事故时与上级应急单位和部门的联系和协调；有利提高风险防范意识。

应急预案按功能类别分为综合应急预案、专项应急预案、现场应急预案和单项应急预案。

2. 应急预案核心要素及内容

应急预案是整个应急管理体系的反映，包括事故发生过程中的应急响应和救援措施，以及事故发生前的各种应急准备和事故发生后的紧急恢复、预案管理与更新等。事故应急预案核心要素及基本内容如表5-7所示。

表 5-7　事故应急预案核心要素及基本内容

级号	要素内容	级号	要素内容
1	方针与原则	4.3	警报和紧急公告
2	应急策划	4.4	通信
2.1	危险分析	4.5	事态监测与评估
2.2	资源分析	4.6	警戒与治安
2.3	法律法规要求	4.7	人员疏散与安置
3	应急准备	4.8	医疗与卫生
3.1	机构与职责	4.9	公共关系
3.2	应急资源	4.10	应急人员安全
3.3	教育、训练与演习	4.11	消防与抢险
3.4	互助协议	4.12	泄漏物控制
4	应急响应	5	现场恢复
4.1	接警与通知	6	预案管理与评审改进
4.2	指挥与控制	7	应急预案支持附件

三、事故应急管理

1. 应急管理工作内容及流程

事故应急管理是一个动态的过程，包括预防、准备、响应和恢复四个阶段。具体内容见表 5-8。每一阶段都有明确的工作目标，而且每一阶段都是构筑在前一阶段的基础之上，预防、准备、响应和恢复的相互关联，构成了事故应急管理的循环过程。

表 5-8　事故应急管理四个阶段的工作内容

阶段	目的	工作内容
预防阶段	为预防、控制和消除事故对人类生命财产长期危害所采取的行动	风险辨识、评价与控制 安全规划 安全研究 安全法规、标准制定 危险源监测监控 事故灾害保险 税收激励和强制性措施等
准备阶段	事故发生之前采取的各种行动，目的是提高事故发生时的应急行动能力	制定应急救援方针与原则 应急救援工作机制 编制应急救援预案 应急救援物资、装备筹备 应急救援培训、演习 签定应急互助协议 应急救援信息库等
响应阶段	在事故将发生前、发生期间和发生后立即采取的行动。目的是保护人员的生命、减少财产损失、控制和消除事故	启动相应的应急系统和组织 报告有关政府机构 实施现场指挥和救援 控制事故扩大并消除 人员疏散和避难 环境保护和监测 现场搜寻和营救等

续表

阶段	目的	工作内容
恢复阶段	事故发生后，使生产、生活恢复到正常状态或得到进一步的改善	损失评估 理赔 清理废墟 灾后重建 应急预案复查 事故调查

应急管理是对重大事故的全过程管理，贯穿于事故发生前、中、后的各个过程，充分体现了“预防为主，常备不懈”的应急思想。事故应急管理流程如图 5-4 所示。

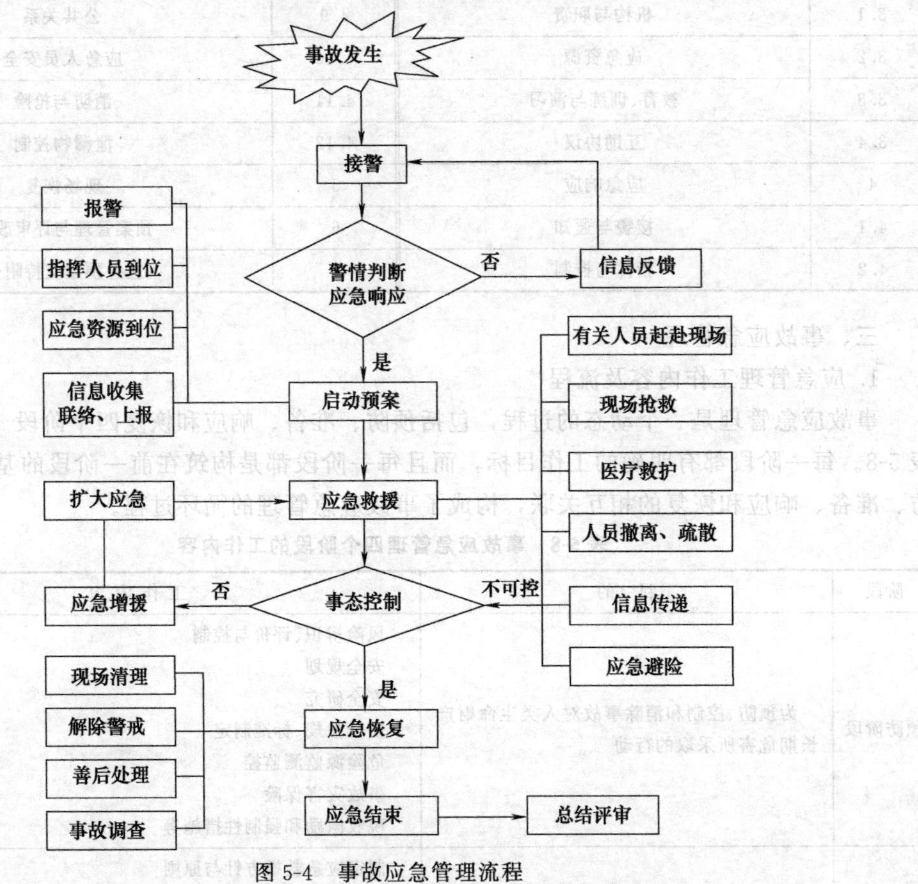

图 5-4 事故应急管理流程

2. 事故应急救援体系（SEMS）

事故应急救援体系是为在风险事件发生的紧急状态下尽可能消除、减少或降低其（可能）带来的各种损失，针对人们的组织管理活动等所制定的一系列相互联系或相互作用的要求而形成的有机统一整体。一个完整的应急体系由组织体制、运作体制、法制体制和保障系统四部分构成。

四、事故应急演练

1. 应急演练的类型

应急演练分为桌面演练、功能演练和全面演练三种形式。

（1）桌面演练　桌面演练是指由应急组织的代表或关键岗位人员参加的，按照应急预案及其标准运作程序讨论紧急情况时应采取的演练活动。桌面演练的主要特点是对演练情景进行口头演练，一般是在会议室内举行非正式的活动。主要目的是锻炼演练人员解决问题的能力，以及解决应急组织相互协作和职责划分的问题。

（2）功能演练　功能演练是指针对某项应急响应功能或其中某些应急响应活动举行的演练活动，主要目的是针对应急响应功能，检验应急响应人员以及应急管理体系的策划和响应能力。分为单项演练和组合演练。其目的是检测、评价部门在一定压力情况下的应急运行和及时响应能力，演练地点主要集中在若干个应急指挥中心或现场指挥所举行，并开展有限的现场活动，调用有限的外部资源。

（3）全面演练　全面演练针对应急预案中全部或大部分应急响应功能，检验、评价应急组织应急运行能力的演练活动。全面演练一般要求持续几个小时，采取交互式方式进行，演练过程要求尽量真实，调用更多的应急响应人员和资源，并开展人员、设备及其他资源的实战性演练，以展示相互协调的应急响应能力。

三种演练类型的最大差别在于演练的复杂程度和规模。无论选择何种应急演练方法，应急演练方案必须适应辖区重大事故应急管理的需求和资源条件。

2. 应急演练实施的基本过程和任务

根据国务院应急办发布的《突发事件应急演练指南》，将应急演练的过程分为演练准备、演练实施和演练总结三个阶段。各个阶段的基本任务如图5-5所示。

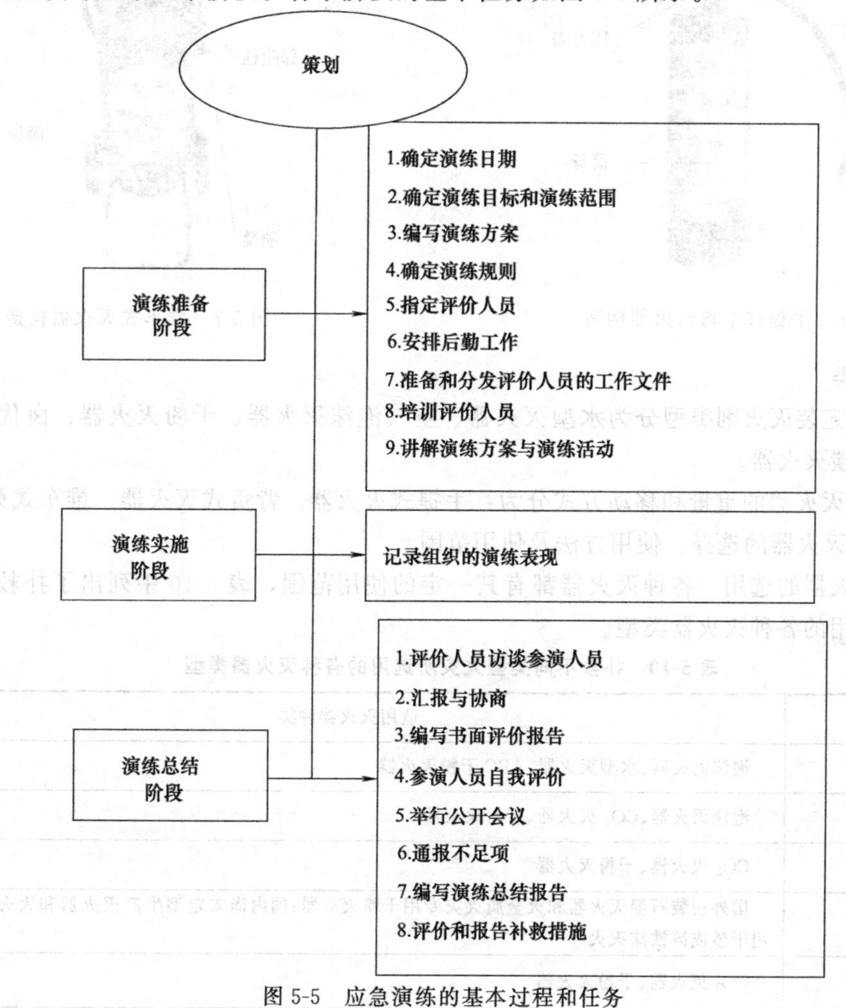

图5-5　应急演练的基本过程和任务

五、火灾分类及灭火器材的选用

1. 火灾分类

根据不同物质的燃烧特点，将火灾划分为五类，如表5-9所示。

表5-9 火灾分类

A类火灾	含碳固体可燃物燃烧的火灾（如木材、棉、毛、麻、纸张等）
B类火灾	液体火灾和可熔化固体物质燃烧的火灾（如汽油、煤油、柴油、甲醇、乙醚、丙酮等）
C类火灾	可燃气体燃烧的火灾（如煤气、天然气、甲烷、丙烷、乙炔、氢气等）
D类火灾	可燃金属燃烧的火灾（如钾、钠、镁、钛、锆、锂、铝镁合金等）
E类火灾	带电设备及附件燃烧的火灾

2. 灭火器的结构及种类

（1）结构　灭火器是用来扑灭各种初期火灾的灭火器材，基本构造如图5-6和图5-7所示。

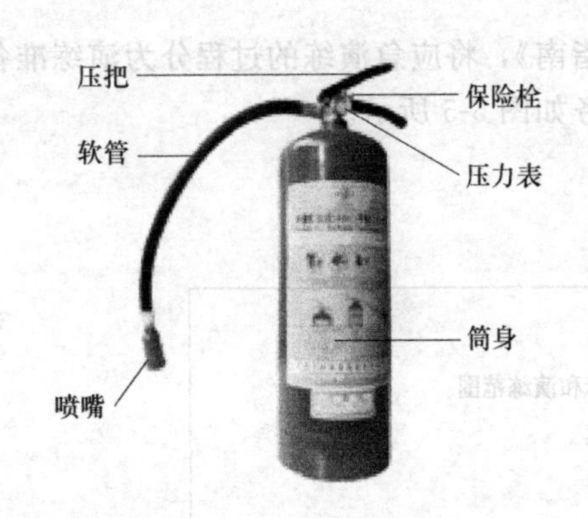

图5-6　手提式干粉灭火器构造

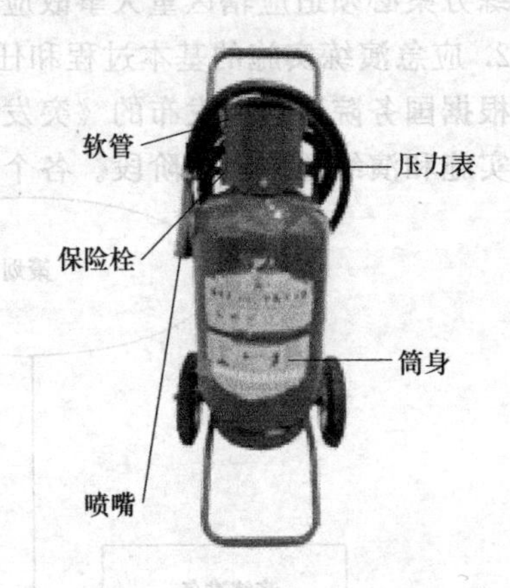

图5-7　推车式灭火器构造

（2）分类

① 按照充装灭火剂类型分为水型灭火器、空气泡沫灭火器、干粉灭火器、卤代烷灭火器和二氧化碳灭火器。

② 按照灭火器的重量和移动方式分为：手提式灭火器、背负式灭火器、推车式灭火器。

3. 常用灭火器的选择、使用方法及使用范围

（1）灭火器的选用　各种灭火器都有其一定的使用范围，表5-10中列出了扑救不同类型火灾所选用的各种灭火器类型。

表5-10　扑救不同类型火灾所选用的各种灭火器类型

火灾类别	适用灭火器种类
A类火灾	泡沫灭火器、水型灭火器、ABC干粉灭火器
B类火灾	泡沫灭火器、CO_2灭火器、干粉灭火器
C类火灾	CO_2灭火器、干粉灭火器
D类火灾	国外粉装石墨灭火器和灭金属火灾专用干粉灭火器；国内尚未定型生产灭火器和灭火剂，可采用干砂或铸铁沫灭火
E类火灾	CO_2灭火器、干粉灭火器

（2）常用灭火器的使用方法及注意事项　在企业实际生产中，扑救各种火灾常用的灭火器主要有干粉灭火器、泡沫灭火器和二氧化碳灭火器三种类型，现将各种常用灭火器的使用方法及使用过程中的注意事项列表说明，见表5-11。

表5-11　常用灭火器的使用方法及注意事项

灭火器种类	使用方法	注意事项
干粉灭火器	灭火时，应手提灭火器快速奔赴火场，在离燃烧区5m左右放下灭火器，先将灭火器颠倒摇动几次，使干粉松动，拆下铅封，拔去保险销，一只手握住输粉胶管之喷头处，另一只手按下压把，干粉即喷出。喷射干粉应对准火焰根部，由近及远，向前推进，不留残火，以防复燃。扑救油类等液体火灾时，不要直接冲击液面，防止液体溅出	①要选用与着火物质相适应的干粉灭火器 ②喷射前最好将灭火器上下颠倒几次，使筒内干粉松动，但喷射不能倒置 ③按动压把或拉动提环前一定要去掉保险装置 ④使用带喷射软管的灭火器（4kg以上）时，喷射前一定要一只手握住喷管的喷嘴或喷枪后，另一只手再打开释放阀 ⑤灭火时要站在上风，开始时离火1～2m ⑥灭液体火（B类火）时，不能直接向液面喷射，要由近向远，在液面上10cm左右快速摆动，覆盖燃烧面，切割火焰 ⑦灭A类火时可先由上向下压制火焰后，对燃烧物上下左右前后都要喷匀灭火剂，以防止复燃 ⑧干粉灭火器存放时不能靠近热源或日晒，注意防潮，定期检查驱动气体是否合格 ⑨不要扑救电压超过5000V的带电物体火灾
二氧化碳灭火器	在加压时将液态二氧化碳压缩在小钢瓶中，灭火时再将其喷出，有降温和隔绝空气的作用。使用时，一只手拔出保险销，推起喷筒，另一只手提起压把，并同时按下，二氧化碳即可从喷筒喷出	①喷射前应先拔掉保险装置再按下压把 ②因二氧化碳灭火器有效喷射距离较小，灭火时离火源不能过远，一般2m左右较好 ③喷射时手不要接触金属部分，以防冻伤 ④在较小的密闭空间或地下坑道喷射后，人要立即撤出，以防止窒息 ⑤灭火器存放时严禁靠近热源或日晒，定期检查，检查二氧化碳气体是否泄漏
泡沫灭火器	灭火时将灭火器倒置，内药和外药相混合进行化学反应产生泡沫和二氧化碳气体，靠内部产生的二氧化碳气压力将泡沫喷出，覆盖在燃烧物表面上，达到灭火效果（属物理灭火）	①泡沫灭火器不能扑救带电物体火灾 ②灭火器使用温度范围一般为4～55℃，冬季注意防冻 ③只有化学泡沫灭火器需要倒置，其他类型灭火器不得倒置喷射 ④各种泡沫灭火器的灭火剂使用年限不同，注意按灭火器说明定期检查灭火剂
水型灭火器	水型灭火器是一种清水中加入各种不同添加剂而派生的一系列不同效能的水基型灭火器。水作为灭火剂，是以四种形态出现，分别是直流水、滴状水、雾状水和水蒸气	注意事项与泡沫灭火器基本相同。不能用水扑灭的火灾有 ①密度小于水或不溶于水的易燃液体的火灾 ②遇水产生燃烧物的火灾 ③硫酸、盐酸、硝酸的火灾 ④电气火灾未切断电源前不能用水扑救 ⑤高温状态下化工设备的火灾

六、空气呼吸器的使用方法

① 打开气瓶阀，检查气瓶气压（压力应大于24MPa），检查气瓶的压力表指针应在绿色格之内，呼吸器各部件完好，然后关闭阀门，放尽余气。

② 气瓶阀门和背托朝上，利用过肩式或交叉穿衣式背上呼吸器，适当调整肩带的上下位置和松紧，直到感觉舒适为止。

③ 插入腰带插头，然后将腰带一侧的伸缩带向后拉紧扣牢。

④ 撑开面罩头网，由上向下将面罩戴在头上，调整面罩位置。用手按住面罩进气口，通过吸气检查面罩密封是否良好，否则再收紧面罩紧固带，或重新戴面罩。

⑤ 打开气瓶开关及供给阀。

⑥ 将供气阀接口与面罩接口吻合，然后握住面罩吸气根部，左手把供气阀向里按，当听到“咔嚓”声即安装完毕。

⑦ 应呼吸若干次检查供气阀性能。吸气和呼气都应舒畅，无不适感觉。如图 5-8 所示。

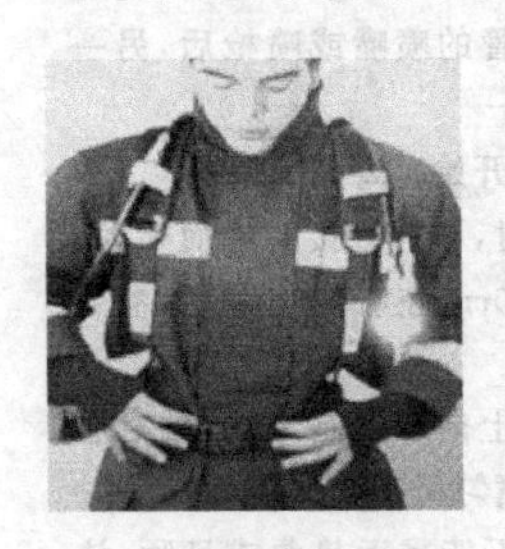

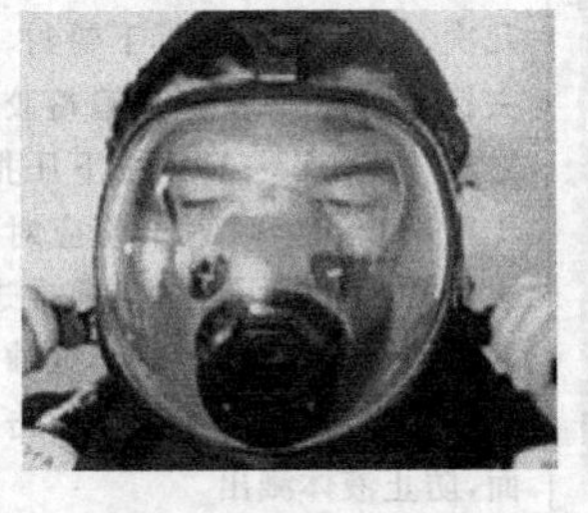

图 5-8　空气呼吸器的佩戴方法示意图

七、火灾现场疏散与逃生知识

1. 人员安全疏散要点

一旦发生火灾，特别是人员集中的建筑发生火灾，往往会造成众多的人员伤亡。所以当建筑发生火灾时，特别是在火灾初期阶段应采取有效的疏散措施，以减少人员伤亡。组织指挥火场人员疏散应掌握以下基本方法：①弄清火场情况，有的放矢；②稳定情绪，防止混乱；③正确通报火情，疏散方法得当；④鱼贯撤离，做好防护；⑤高层着火，冷静处置；⑥制止脱险人员重返火场。

2. 物资疏散要点

火场上的物资疏散必须有组织地进行，目的是为了最大限度地减少损失，防止火势蔓延和扩大。应迅速疏散的物资有：①可能引起或是扩大和有爆炸危险的物资；②性质重要、价值昂贵的物资财物；③影响灭火战斗的物资；④用水扑救会使重量显著增加，可能引起建筑物塌落的物资。

3. 火场逃生基本方法

①熟悉环境，确定逃生路线；②争分夺秒，迅速撤离；③保持冷静，辨明方向；④毛巾保护，防止烟气中毒；⑤利用通道，疏散逃生；⑥结绳滑行自救；⑦暂时避难。

子情境 5.2　H_2S 泄漏中毒应急演练

【任务描述】

20××年 8 月 10 日，某石化公司净化车间发现脱硫塔有一外法兰泄漏，现场作业人员昏倒，发生 H_2S 中毒现象，其他操作员在巡检时发现之后迅速汇报班长并实施紧急救护，完成此次硫化氢中毒应急演练。如图 5-9 所示。

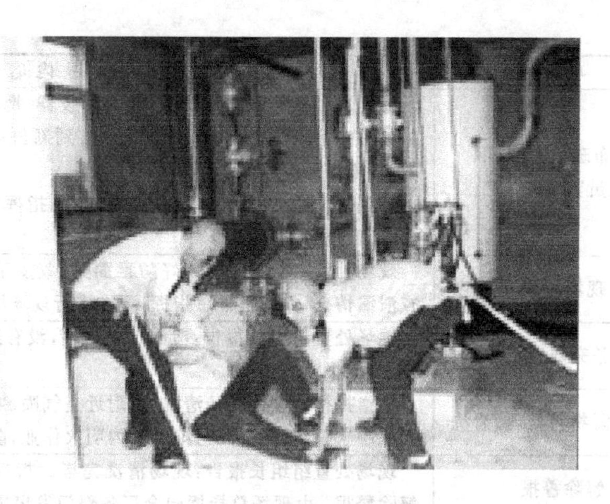

图5-9　H_2S泄漏中毒应急演练

【任务实施】

一、准备工作

① 分析确定演练形式及级别。

② 成立车间应急演练考核小组。

③ 储备应急演练所需的应急物资。

④ 编制应急演练预案。

二、演练操作

① 成立应急组织。

总指挥：当班班长。副总指挥：当班运行工程师。组员：当班操作员。

② 注意事项。

a. 演练时为挂牌操作，不得私自开动、关闭任何阀门、开关按钮。

b. 演练过程中严格按硫化氢中毒应急预案进行处理，要注意人身安全。

c. 演练人员在跑动、上下楼梯时，要注意安全，不要过度追求速度。

d. 演练过程中对可能真正的紧急情况保持戒备，一旦有紧急事件发生时，要立即终止、取消演练，迅速转入真正应急处理。

③ 演练内容及步骤。见表5-12。

表5-12　H_2S泄漏应急演练内容及步骤

时间	项目	演习内容
9:30	泄漏发生	操作员发现脱硫塔外法兰因腐蚀损坏，H_2S泄漏
9:31	发现、初期处理、报警	DCS内操员发现H_2S泄漏，汇报调度室、环保部门及车间生产主任，请求气防站救援。并通知车间应急小组成员
9:32	接警、发布警报	DCS外操员 ①警戒组接警 ②现场对该地区交通路口进行封锁，硫化氢源附近装置区周围拉警戒绳，设立警戒；一道门岗、二道门岗做好警戒，严禁无关人员、车辆进入
9:37	发布疏散命令、人员紧急疏散	总指挥快速赶到临时指挥点，发出停止工作，人员疏散指示，接到警报后，员工按照预案的规定进行下列操作 ①DCS内操控制好脱水量，控制减少硫化氢的扩散。通知现场施工作业人员立即撤离，引导到安全地方

续表

时间	项目	演习内容
9:37	发布疏散命令、人员紧急疏散	②DCS外操员戴好防护服、空气呼吸器，携带硫化氢报警仪进行现场操作，尽量站在上风口位置，将中毒者抬出到新鲜空气处，并对中毒者进行紧急施救，并通知医院急救 ③到安全地点集结，并清点人数，向总指挥报告："人员全部成功疏散，请求救援，汇报完毕"
9:39	现场处置	现场处置组队员迅速戴好防毒面具、胶皮手套，携带防爆工具赶到现场，检查泄漏情况，立即报告总指挥，要求进行现场堵漏，并做好灭火准备
9:49	任务完成、报告	现场处置组组长报告：泄漏已被封堵，没有造成进一步的污染。本组无人员伤亡，汇报完毕
9:50～9:54	现场泄漏物料处理、清洗	总指挥指示进行现场清洗，对附近空气喷洒水雾，以减少硫化氢气体在附近空气中含量，消除近区污染范围内明火作业，防止中毒、爆炸事故发生
9:54	解除警报	现场处置组组长报告：现场清洗完毕。指挥中心发布命令：结束应急状态，解除警报。由现场总指挥向全厂各部门发出警报解除的通知
9:56	预案演练总结、讲评	各组负责人召集参加人员结合列队，由总指挥讲话，对本次预案演练进行讲评
10:00	解散	演练结束

【任务评价】

H_2S泄漏中毒应急演练考核评价标准见表5-13。

表5-13 H_2S泄漏中毒应急演练考核标准

序号	评分要素	标准分	评分标准	得分	备注
1	应急物资、设备准备工作是否齐全	10	物料缺一项扣2分		
2	应急组织成员分工是否明确、全面	10	缺一项扣2分		
3	报警程序内容是否准确	10	缺一项扣2分		
4	应急预案是否满足应急要求	10	缺一项扣2分		
5	各岗位人员按应急预案操作是否熟练	40	根据具体操作扣分		
6	岗位人员是否佩戴防护用品	10	没有，扣10分		
7	是否有应急演练评价总结	10	无，扣10分		
合计		100			

【知识链接】

一、H_2S的危害辨识与风险评价

硫化氢是我国急性化学中毒的主要因素之一，是炼化企业最重要的化学中毒因素。硫化氢中毒具有连续性、严重性、死亡率高（全国调查500例，死亡率26%）和突发性等特点。因为炼化企业生产装置多、工艺较为复杂，发生H_2S泄漏中毒事故屡见不鲜，因此及时发现并控制是防止H_2S产生危害的最有效方法。炼化企业硫化氢中毒原因如表5-14所示。

表5-14 硫化氢中毒原因

序号	原 因	案例数	构成比例/%
1	设备故障、泄漏介质含硫高等工艺问题	37	27.61
2	检修过程缺乏安全措施	30	22.39

续表

序号	原　因	案例数	构成比例/%
3	采样、检尺过程缺乏安全措施	24	14.93
4	生成过程中违章操作	17	12.69
5	救护他人时缺乏救护措施	15	11.19
6	非操作人员意外中毒	11	8.21

炼化企业急性硫化氢中毒作业统计见表5-15。

表 5-15　炼化企业急性硫化氢中毒作业统计

序号	作业系统	中毒例数	构成比例/%
1	巡检/操作	31	23.13
2	检修	23	17.16
3	吹扫、清洗	19	14.18
4	装瓶	16	11.94
5	管线脱水	15	11.19
6	排污	11	8.2
7	检尺	9	6.72
8	其他	10	7.26

二、H_2S风险控制措施

1. H_2S危险区域分级

H_2S危险区域分级，如图5-10所示。

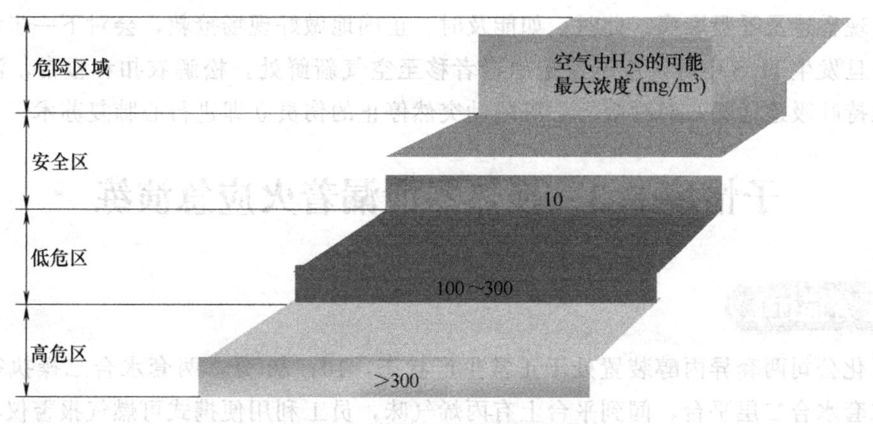

图 5-10　危险区域分级示意图

分级目的：

① 通过危险区域分级，判断生产区域是否存在硫化氢以及该区域内空气中硫化氢的最大可能浓度；

② 根据生产区域的危险级别对工作人员进行相应的培训，使之具备相应的能力；

③ 根据生产区域的危险级别确定工作程序和工作许可；

④ 根据生产区域的危险级别设置相应的警示标志；

⑤ 根据生产区域的危险级别配备呼吸器材和报警器材。

2. H_2S泄漏风险控制

(1) 进入H_2S危险区域的工作要求　人员在进入H_2S危险区域应该做到下列几点：

① 报告上级主管部门批准；

② H_2S危险区域的人员应经培训合格，达到相应的能力要求；

③ 所有进入H_2S危险区域人员应该登记；

④ 对进入工作场所的通道、逃生路线、风向应该有专门的说明；

⑤ 配备校验合格的便携式H_2S检测仪；

⑥ 进入H_2S危险区域内要保持通信畅通；

⑦ 工作区内设置足够的警示标志；

⑧ 安全装备经过专业人员校验并放置在合适的位置，如正压空气呼吸器、自给式呼吸器、便携式报警仪、必要的警铃和救生绳等。

(2) 进入事故现场注意事项　当中毒事故或泄漏事故发生时，需要人员到事故现场进行抢救处理，这时必须做到发现事故应立即呼叫或报告，不能个人贸然去处理；佩戴适用的防毒面具，有两个以上的人监护；进入塔、容器、下水道等事故现场，还需携带安全带（绳）。有问题应按联络信号立即撤离现场。

(3) 应急救援　应急救援包括人员救援和现场应急处理两部分内容，人员救援和救援装备。对于具有低危区和高危区的车间（站场）除了配备正常操作的检测防护设备外，还应增配以下救援装备：①备用充足的自给式呼吸器和空气瓶（至少2套）；②备用充足的逃生器材如防毒面罩（至少2套）；③能连续显示和报警的便携式检测仪；④可移动的H_2S警示标志和围栏；⑤危险区域和救援装备位置标示图。

(4) 现场急救　H_2S中毒症状因接触浓度的不同而异，接触高浓度时，很快引起急性中毒，出现昏迷及呼吸麻痹。此时，如能及时、正确地做好现场抢救，会对下一步治疗非常有利。一旦发生H_2S中毒，应迅速把中毒者移至空气新鲜处，松解衣扣和腰带，清除口腔异物，维持呼吸道通畅，对呼吸、心脏跳动突然停止的伤员立即进行心肺复苏术。

子情境5.3　换热器泄漏着火应急演练

【任务描述】

某石化公司两套异丙醇装置处于正常生产状态，10：30分，两套水合二操执行不间断巡检至二套水合二层平台，闻到平台上有丙烯气味，员工利用便携式可燃气报警仪检查，发现H-101AB联箱侧法兰有丙烯泄漏，并有扩大趋势，油气迅速弥漫在平台上，现场附近固定式报警仪报警，突然换热器泄漏处静电着火，员工迅速利用对讲机向班长汇报，班长启动应急预案。完成此次换热器泄漏着火应急演练。

【任务实施】

一、准备工作

① 分析确定演练形式及级别。

② 成立车间应急演练考核小组。

③ 储备应急演练所需的应急物资。

④ 编制应急演练方案。

二、应急演练操作

① 成立应急组织

总指挥：班长。副总指挥：副班长、运行工程师。

成员：警戒组、现场处置组、医疗救护组、物资供应组 、消防队。

② 注意事项。同情境 5.2

③ 演练步骤。见表5-16。

表 5-16　换热器泄漏着火应急演练内容及步骤（演练时间 10：00～10：40）

时间	项目	演习内容
10:00	火灾发生	二套异丙醇装置换热器丙烯泄漏处因静电着火
10:01	发现、报警	装置巡检员发现换热器泄漏着火，查完情况后，撤离到安全区域后立即报警 ①化工一车间二套异丙醇装置丙烯原料换热器泄漏着火，着火介质为液化气丙烯，现场火势较大，报警人：×××，报警电话：××××××，请求气防站救援 ②向调度室、环保部门及车间生产主任汇报。消防报警电话（××××××××），急救报警电话（××××××），气防报警电话（××××××），安全环保处（××××××）报告 ③通知车间应急小组成员
10:05	接警、发布警报	①警戒组接警，接警位置在二套异丙醇之间消防道及二套北侧消防道 ②现场对该地区交通路口进行封锁，硫化氢源附近装置区周围拉警戒绳，设立警戒；一道门岗、二道门岗做好警戒，严禁无关人员、车辆进入
10:06	现场处置	现场处置组队员迅速戴好防毒面具、胶皮手套，携带防爆工具赶到现场，检查泄漏情况，立即报告总指挥，要求进行现场堵漏，并做好灭火准备
10:15	任务完成、报告	现场处置组组长报告：泄漏已被封堵。本组无人员伤亡，汇报完毕
10:18	消防队	①消防泡沫车和消防水车赶到现场，消防泡沫车泡沫枪对准换热器进行灭火，消防水车现场待命 ②消防队对着火点周围设备如反应器、碱洗塔、铜管换热器、水洗塔、丙烯罐、脱油塔等进行喷淋冷却，同时利用装置消防水炮、干粉车、灭火器、消防蒸汽对着火点扑灭
10:25～10:30	现场泄漏物料处理、清洗	总指挥指示进行现场清洗，对附近空气喷洒水雾，消除近区污染范围内明火作业，防止中毒、爆炸事故发生
10:31	集合清点人数汇报情况，解除警报	现场处置组组长报告：现场清洗完毕。总指挥发布命令：结束应急状态，解除警报
10:35	预案演练总结、讲评	各组负责人召集参加人员结合列队，由总指挥讲话，对本次预案演练进行讲评
10:40	解散	演练结束

【任务评价】

换热器泄漏着火应急演练考核评价标准见表5-17。

表 5-17　换热器泄漏着火应急演练考核标准

序号	评分要素	标准分	评分标准	得分	备注
1	应急物资、设备准备工作是否齐全	10	物料缺一项扣2分		
2	应急组织成员分工是否明确、全面	10	缺一项扣2分		
3	报警程序内容是否准确	10	缺一项扣2分		
4	应急预案是否满足应急要求	10	缺一项扣2分		
5	各岗位人员按应急预案操作是否熟练	40	根据具体操作扣分		
6	岗位人员是否佩戴防护用品	10	没有，扣10分		
7	是否有应急演练评价总结	10	无，扣10分		
合计		100			

【知识链接】

一、炼化企业生产安全危险性分析

炼化企业的重大危险源主要有两处：罐区和生产装置区（设备）。

1. 储罐的危险性分析

据中国石油总公司1983～1993年“石油化工典型事故汇编”中统计，总公司事故47起，其中油罐事故15起，约占事故总数的32%。据炼油系统事件统计，在237起事故中，储运系统发生事故率约为25%。因此可见，油品储运系统发生事故率较高。

罐区内储存大量易燃液体，如果发生火灾，会遭受重大经济损失，且可能危及周围地区的安全。储罐中存储的物的危险性，需要作进一点的分析。

2. 生产装置的危险性分析

① 塔、换热器、泵的各种泄漏引起的爆炸着火应为主要危险。

② 油机泵输送高温热油时，若端面密封裂开，热油将会自燃起火。

③ 人员进入塔、罐作业时，有可能发生人员缺氧事故。

④ 装置的塔、罐、冷换设备及大部分管线均属于高架结构或离地面较高，作业人员在进行巡检、采样、检测及维修、检修等活动时，有可能发生高处坠落事故，造成人员伤亡。

⑤ 装置进行检修或大检修时，在场人员立体交叉作业，起吊频繁。机泵大修较多，都存在着机械伤害危险。

3. 火灾和爆炸危险性分析

火灾爆炸事故的发生源主要是生产装置、储罐、管道等。从人-机系统来考虑因泄漏造成的火灾、爆炸事故主要有以下3种原因。

（1）设备原因　加工不符合要求，或未经检验擅自采用代用材料；加工质量差，特别是不具备操作证的焊工焊接质量差；施工和安装精度不高，如泵和电机不同轴、机械设备不平衡、管道连接不严密等；选用的标准定型产品质量不合格；设备长期使用后未按规定进行检修，或检修质量差造成泄漏；阀门损坏或开关泄漏，又未及时更换；设备附件质量差，或长期使用后材料变质、腐蚀或破裂等。

（2）管理原因　没有制定完善的安全操作规程；没有严格执行监督检查制度；指挥错误，甚至违章指挥；让未经培训的工人上岗，知识不足，不能判断错误；检修制度不严，没有及时检修已出现故障的设备，使设备带病运转。

（3）人为失误　误操作或违反操作规程；判断错误，如记错阀门位置而开错阀门；擅自脱岗；思想不集中，发生异常现象不知如何处理等。

二、炼化企业生产安全事故应急处置

1. 装置区应急处置

（1）响应分级　装置区应急响应级别分为三级，见表5-18。

表5-18　装置区应急响应级别及响应条件

响应级别	响应条件
一级	物料泄漏，未构成停工停产威胁
二级	物料管线泄漏、误操作发生的火灾；造成装置停工
三级	重大、特大火灾或爆炸事故；造成人员伤亡

(2) 响应程序

① 应急指挥部接到事故信息报告后，立即上报应急救援指挥中心，应急指挥中心宣布启动应急预案，指挥部全体成员进入应急状态，进一步明确各级人员工作职责。采取一切办法切断事故源。

② 应急指挥中心根据现场应急救援工作的需要，成立事故应急救援指挥协调工作组，赶赴现场，参与现场指挥机构协调应急救援工作。

③ 事故发生后，应急指挥中心办公室应立即请示指挥长同意后向上一级领导报告事故情况。

④ 应急指挥中心办公室应立即通知相关应急协调机构，并组织相关专业人员进入工作状态，必要时请求上级专业抢救队伍支援，依靠专业人员、技术专家开展救援工作。

⑤ 各应急救援机构的信息反馈系统，随时保持与应急救援指挥中心办公室的联系。

⑥ 应急指挥中心根据现场事故发展事态，按以上三级事故响应，合理进行资源调配，后勤保障组及时确保应急物资到达事故现场。

⑦ 当装置区发生火情，警戒疏散组组织无关人员，撤离现场。监控事故现场，根据实际情况，做出相应的应急响应。

(3) 应急处置措施

① 发生泄漏处置措施见表5-19。

表5-19　装置发生泄漏应急处置措施

应急处置措施	工作内容
泄漏源控制	关闭阀门、停止作业或局部停车、打循环、减负荷运堵漏，迅速采取措施，选用合适的材料和技术手段对泄漏部位进行抢修、堵漏作业
泄漏物处理	筑堤堵截泄漏液体或引流到安全地点；稀释与覆盖，向有毒物气体喷射雾状水，加速有毒物气体向高空扩散；对于可燃物，也可在现场施放大量水蒸气或氮气，破坏燃烧条件；对于液体泄漏，为降低物料向大气中的蒸发速度，可用泡沫或其他覆盖物品覆盖外泄的物料，在其表面形成覆盖层，抑制其蒸发
收容(收集)大型泄漏	选择用隔膜泵将泄漏出的物料抽入容器内或槽车内；泄漏量小时，可用吸油毡或沙土吸附。将收集的泄漏物运至危废储存间储存

② 发生火灾处置措施见表5-20。

表5-20　装置发生火灾处置措施

序号	工作内容
1	先控制，后消灭。针对危险化学品火灾的火势蔓延和燃烧面积大的特点，积极采用统一指挥，以快制快，堵截火势，防止蔓延
2	现场人员发现火情或接到火灾报警信号后，立即报警。迅速确认事故，通知相关部门及人员；利用生产装置系统配备的消防器材和设施进行灭火，等待外部救援
3	迅速查明燃烧范围、确定起火源，火势蔓延的主要途径，选择最适应的灭火剂和灭火方法，火势较大时应先堵截火势蔓延、控制燃烧范围，然后逐步扑灭火势
4	设备管理人员检查受损设备，防止设备内物料再次泄漏
5	有可能发生爆炸、爆裂、喷溅等特别危险需紧急撤退的情况，厂区实行警戒，除抢险救援人员外，无关人员全部撤离厂区，保持消防通道畅通
6	当塔上起火时，首先打开塔上蒸汽灭火系统阀门，用蒸汽灭火。然后打开消防水泡对平台上的容器冷却
7	火情扑灭后在消防车的监护下对装置区污油水进行处理，装置区污油用沙土或吸油毡吸收，沙土或吸油毡吸附后送至危废储存间储存，污水送污水处理厂处理
8	待现场油气挥发尽，经环境检测合格后，恢复厂内秩序

③ 发生爆炸处置措施见表 5-21。

表 5-21 装置发生爆炸处置措施

序号	工作内容
1	报火警
2	厂区实行警戒，除抢险救援人员外，无关人员全部撤离厂区，保持消防通道畅通
3	根据风向变化情况、地形选择消火栓。同时启用消防水枪和水炮对装置区进行冷却和地面火灾扑救
4	当消防部门到达现场，统一由消防部门指挥
5	现场指挥密切注意火势发展，判断装置着火部位短期内可能发生爆炸时，立即撤出人员至安全地带，如果事态恶化，立即组织人员、车辆从厂区大门撤离，交由消防部门处理，相关人员全力配合工作
6	待现场事故处理完后，经环境检测合格，恢复厂内秩序

2. 罐区应急处置

(1) 响应分级　罐区应急响应级别分为三级，见表 5-22。

表 5-22 罐区应急响应级别及响应条件

响应级别	响应条件
一级	罐区阀门及罐体泄漏
二级	罐区发生火情
三级	罐区特大火灾或爆炸，出现人员伤亡

(2) 响应程序

① 应急指挥部接到事故信息报告后，立即上报应急救援指挥中心，应急指挥中心宣布启动本预案，指挥部全体成员进入应急状态，进一步明确各级人员工作职责。采取一切办法切断事故源。

② 应急指挥中心根据现场应急救援工作的需要，成立事故应急救援指挥协调工作组，赶赴现场，参与现场指挥机构协调应急救援工作。

③ 事故发生后，应急指挥中心办公室应立即请示指挥长同意后向上一级领导报告事故情况。

④ 应急指挥中心办公室应立即通知相关应急协调机构，并组织相关专业人员进入工作状态，必要时请求上级专业抢救队伍支援，依靠专业人员、技术专家开展救援工作。

⑤ 各应急救援机构的信息反馈系统，随时保持与应急救援指挥中心办公室的联系。

⑥ 应急指挥中心根据现场事故发展事态，按以上三级事故响应，合理进行资源调配，后勤保障组及时确保应急物质到达事故现场。

⑦ 当罐区发生火情，警戒疏散组组织无关人员，撤离现场。监控事故现场，根据实际情况，做出相应的应急响应。

(3) 应急处置措施

罐区发生泄漏、火灾、爆炸应急处置措施见表 5-23～表 5-25。

表 5-23 油罐发生油品冒罐处置措施

序号	工作内容
1	报火警
2	关闭冒罐阀门
3	通知罐区停送油品

续表

序号	工作内容
4	厂区实行警戒，除抢险救援人员外，无关人员全部撤离罐区
5	厂内所有机动车严禁启动，所有电气开关禁动
6	对泄漏的物料挖坑收容，用防爆泵转移至槽车或专用收集器内，剩余物料用吸油毡或沙土吸附，吸附后送至危废储存间储存
7	在消防车的监护下对罐区和事故池油品进行处理，污水池油品用泵抽入槽车，送污水处理厂处理
8	待现场油气挥发尽，经环境检测合格后，恢复厂内秩序
9	对罐区进行检查、无隐患后，恢复生产

表 5-24　油罐发生火灾处置措施

序号	工作内容
1	报火警
2	关闭冒罐阀门
3	用现场灭火器材或启用水降温喷淋系统，防止火势蔓延和事故扩大
4	厂区实行警戒，除抢险救援人员外，无关人员全部撤离厂区，保持消防通道畅通
5	厂内所有机动车严禁启动，所有电气开关禁动
6	在消防车灭火过程中，将着火油罐液位尽可能降低，倒转至其他油罐并开启水喷淋系统
7	采用泡沫系统进行覆盖灭火时，如难以全部覆盖，采取让其稳定燃烧，同时要做好周边油罐的冷却工作，确保不波及到更大范围，直至着火罐物料烧尽
8	火情扑灭后在消防车的监护下对罐区污油水进行处理，罐区污油水用沙土或吸油毡吸收，沙土或吸油毡吸附后送至危废储存间储存，污水送污水处理厂处理
9	待现场油气挥发尽，经环境检测合格后，恢复厂内秩序

表 5-25　油罐发生爆炸处置措施

序号	工作内容
1	报火警
2	厂区实行警戒，除抢险救援人员外，无关人员全部撤离厂区，保持消防通道畅通
3	根据风向变化情况、地形选择消火栓。同时启用消防水枪对罐壁进行冷却和地面火灾扑救
4	同时利用消防水枪对临近储罐罐壁进行冷却
5	当消防部门到达现场，统一由消防部门指挥
6	现场指挥密切注意火势发展，判断着火油罐短期内可能发生爆炸时，立即撤出人员至安全地带，如果事态恶化，立即组织人员、车辆从厂区大门撤离。交由消防部门处理。相关人员全力配合工作
7	待现场事故处理完后，经环境检测合格，恢复厂内秩序

参考文献

[1] 中国石油天然气集团公司 HSE 指导委员会．健康、安全与环境管理体系风险评价．北京：石油工业出版社，2001.

[2] 中国石油天然气集团公司 HSE 指导委员会．健康、安全与环境管理体系风险识别．北京：石油工业出版社，2001.

[3] 中国石油天然气集团公司 HSE 指导委员会．健康、安全与环境管理体系基础知识．北京：石油工业出版社，2001.

[4] 董国永，赵朝成．石油天然气工业健康、安全、环境管理体系培训教程．北京：石油工业出版社，2000.

[5] 中国石油天然气集团公司安全环保部．HSE 风险管理理论与实践．北京：石油工业出版社，2009.

[6] 中国石油天然气集团公司质量安全环保部．安全监督．北京：石油工业出版社，2003.

[7] 曹晓林．HSE 管理体系标准理解与实务．北京：石油工业出版社，2009.

[8] 匡永泰，高维民．石油化工安全评价技术．北京：中国石化出版社，2005.

[9] 罗云，樊运晓，马晓春．风险分析与安全评价．北京：化学工业出版社，2004.

[10] 刘彦伟，朱兆华，徐丙根．化工安全技术．北京：化学工业出版社，2012.

[11] 程春生，秦福涛，魏振云．化工安全生产与反应风险评估．北京：化学工业出版社，2011.